GS

精准扶贫
农业科技
明白纸
MINGBAIZHI XILIE
系列

3

青稞、谷子、糜子、胡麻、棉花

农业科技明白纸系列丛书编委会　编

甘肃科学技术出版社

图书在版编目（ＣＩＰ）数据

青稞、谷子、糜子、胡麻、棉花 / 农业科技明白纸
系列丛书编委会编.--兰州：甘肃科学技术出版社，
2016. 5
（精准扶贫农业科技明白纸系列丛书）
ISBN 978-7-5424-2305-4

Ⅰ.①青… Ⅱ.①农… Ⅲ.①元麦-栽培技术②小米
-栽培技术③糜子-栽培技术④胡麻-栽培技术⑤棉花-
栽培技术 Ⅳ.①S51②S56

中国版本图书馆 CIP 数据核字(2016)第 042470 号

出 版 人 吉西平
责任编辑 张 荣(0931-8773238)
出版发行 甘肃科学技术出版社(兰州市读者大道 568 号 0931-8773237)
印 刷 兰州万易印务有限责任公司
开 本 880mm×1230mm 1/16
印 张 6.5
字 数 150 千
版 次 2016 年 5 月第 1 版 2016 年 5 月第 1 次印刷
印 数 1～3000
书 号 ISBN 978-7-5424-2305-4
定 价 34.00 元

编委会

前　言

　　甘肃是个典型的农业省份,农村人口多,贫困面广。随着农业农村改革的不断深化,全省农业生产投入方式、组织方式和生产经营方式发生了深刻变化,应对农村生产力和生产关系变革,迫切需要解决农业后继乏人的问题,迫切需要解决从业农民技能提高的问题。因此,开展新型职业农民培训已成为当前"三农"工作中一项重要而紧迫、长期而艰巨的重大任务。近年来,按照省委、省政府推进"365"现代农业发展行动计划、"1236"扶贫攻坚行动和"联村联户、为民富民"行动的总体部署,省农牧厅把农民培训确定为重点工作之一,整合资源、集中力量、大力推进,极大地调动了农民学科技、用科技的积极性,不仅推广普及了先进实用技术,而且还带动了农民创业就业,培养造就了一大批种养专业户、科技示范户、合作社骨干、农村致富带头人、农技能手等生产经营服务人才,促进了农业增效、农民增收,推动了我省农业农村经济持续较快发展。

　　为了进一步满足广大农民学科技、用科技的需求,加大新型职业农民的培育力度,推广先进实用技术,省农牧厅组织农业技术推广单位的百余专家和农技人员,按照实际使用、通俗易懂和应知应会的原则,从农业生产世纪出发,紧紧围绕全省优势产业和特色产品,以关键生产技术和先进实用技术为重点,以贴近农民生活、通俗易懂的语言,配以直观形象、简单明了的图片,编撰了600项农业科技明白纸,并邀请甘肃农业大学、省农科院和基层农技推广专家进行了审定。

　　真诚希望我们编撰的这套丛书能够帮助广大农民学习新知识、运用新技术、汲取新营养,努力打造一支有知识、懂技术、会经营、善创新的新型农民,为我省现代农业发展提供强有力的人才支撑。希望广大农业工作者切实增强服务农业、服务农民的责任心,自觉推广普及农业科技知识,着力培育我省现代农业生产经营人才,让农业成为有奔头的农业,让农民成为体面的职业。

康国宝

甘肃省农牧厅党组书记、厅长

目 录

青稞主栽品种简介

选择适宜当地气候条件的青稞品种是获得高产的关键，生产上主要依据品种的熟性、株高、抗病性等品种特性选用良种。下面介绍几个经品种审定委员会认定的高产优质青稞品种，仅供参考。

【康青 3 号】

春性品种，中熟，生育期 108~125 天，千粒重 44~48 克。分蘖力强，成穗率高，较耐肥、抗旱、抗条锈病和网斑病。3 月下旬至 4 月上旬播种，中等肥力亩产 200~300 千克，肥地亩产 450 千克。适宜甘南州海拔 2400~3000 米地区种植。

【康青 4 号】

春性品种，中熟，全生育期 170~175 天，千粒重 40 克，中抗倒伏，分蘖力中等，分蘖成穗率高，一般亩产 250 千克左右。

【康青 6 号】

春性品种，中熟，生育期 125~140 天，千粒重 44~48 克，对条锈病和白粉病免疫，抗条纹病和黄矮病，适宜海拔 2200~3800 米春播区，也适宜中上肥力的春性冬播小麦区种植，春播多在 3 月下旬至 4 月中旬，亩产多在 300 千克以上。

【康青 7 号】

春性品种，中熟，生育期 128~148 天，千粒重 41~45 克。耐肥、抗旱、高抗条锈病和白粉病，轻感云纹病和网班病。适宜海拔 2200~3800 米的一年一熟春播区，亩产 300 千克以上。4 月上旬至中旬播种为宜，亩基本苗春播一般 15 万 ~22 万株，冬播 10 万 ~15 万株；肥地宜稀，瘦地宜密。

【北青 8 号】

曾用名东繁 802，春性品种，中早熟，生育期 115 天左右，千粒重 46.4~52 克。耐寒性、耐旱性、耐湿性、耐盐碱性中，不抗倒伏，中抗条纹病。一般亩产 280 千克，适宜在年均温 0.5℃以上的山旱地和水地种植。

【肚里黄】

春性品种，中早熟，生育期 118~123 天，分蘖力强，成穗率高，喜水肥，耐阴湿，抗寒性好，抗轻雹，较抗倒伏，落黄好，耐旱，抗病虫，适应性强，产量高。一般亩产为 300 千克，最高可达到 500 千克。

【藏青 25 号】

生育期 118 天，抗倒伏，抗病耐旱，轻感大麦条纹病和黑穗病，亩产潜力在 400 千克，适宜在海拔 4000 米以下区域种植，是典型的保健食品加工原料品种。

【昆仑 14 号】

春性品种，中早熟，条播播种量 20~22 千克，生育期 108~119 天，千粒重 46~52 克，亩产 350~400 千克；4 月上旬播种，该品种千粒重较高，可适当增加播量，适宜在高寒青稞区种植。

【昆仑 15 号】

春性品种,中早熟,生育期 105~110 天,千粒重 43~46 克。4 月上旬播种,条播播种量 20 千克左右,行距 15 厘米,播种深度 3~4 厘米,亩产 400~500 千克;适宜青藏高原高位水地与河谷灌区种植。

【黄青 1 号】

春性品种,中熟,生育期 112~116 天,千粒重 44.4~45.7 克。耐寒、耐旱、抗倒伏,抗病。适宜播期是 3 月下旬至 4 月中旬;适宜在甘南海拔 2400~3200 米的地区及青海西海镇、西宁、互助等地推广种植。

【黄青 2 号】

春性品种,中熟,生育期 114~118 天,千粒重 44.5~48.2 克。耐寒、耐旱、抗倒伏,抗病。适宜播期是 3 月下旬至 4 月中旬,适宜在甘肃省甘南州海拔 2400~3200 米的地区及青海西宁、互助,四川马尔康、道孚,云南迪庆等地推广种植。

【甘青 3 号】

春性品种,中熟,生育期 108~121 天,千粒重 38.9~41.9 克,耐寒、耐旱、抗倒伏、抗条纹病,适宜播期是 3 月下旬至 4 月中旬。品种适应性广,可在海拔 2400~3200 米的青稞种植区均可种植推广,特别适宜甘南州的合作、临潭、夏河、碌曲、卓尼等市县和四川弥康、甘弥等地种植。

【甘青 4 号】

春性品种,中熟,生育期 105~127 天,千粒重 43~46 克。耐寒、耐捍,轻感条纹病,落黄好。适宜播期是 3 月下旬至 4 月中旬,适宜在海拔 2400~3200 米的高寒阴湿区及同类型青稞种植区推广种植。

【甘青 5 号】

春性品种,中熟,生育期 103~128 天,千粒重 42~47 克。耐寒、耐旱、抗倒伏,中抗条纹病,适宜播期是 3 月下旬至 4 月中旬,适宜在甘南州海拔 2400~3200 米的高寒阴湿区及同类型青稞种植区推广种植。

【阿青 4 号】

春性品种,中熟,生育期 121 天,千粒重 46 克。抗倒、耐旱、耐瘠、耐湿性中等,高抗条锈病和白粉病,中抗赤霉病和网斑病,适合在海拔 2700~3300 米的青稞主产区种植,也适宜在西藏、青海、甘肃、四川、云南等省的同类地区种植。

【阿青 5 号】

春性品种,中晚熟,生育期 128 天,千粒重 40.8 克。抗倒伏,耐寒、耐湿、耐瘠性强,抗锈病、白粉病、纹枯病,抗虫性较强。适应在海拔 2700~3300 米之间的全国高寒一熟青稞产区种植,海拔 2700~3000 米地区,3 月中旬播种,海拔 3000~3300 米地区,4 月上旬播种。

【阿青 6 号】

春性品种,中熟,生育期 120 天,千粒重 42.3 克,抗倒伏,耐寒、耐湿、耐瘠性强,叶片适中,长势强,分蘖力强。高抗条锈病,中抗白粉病,中感赤霉病,轻感斑点病,丰产性、适应性、稳定性好。4 月上旬播种,适宜在海拔 2600~3300 米之间的高寒一熟青稞产区种植。

青稞高产栽培种子处理技术

种子处理技术主要包括精选种子、测定发芽率、播前晒种、药剂拌种等技术，做好播前种子处理，可达到苗全、苗壮、穗大粒多，减轻病虫害危害，是实现青稞高产的重要措施。

1.精选种子

选用高产、优质、抗逆性强、增产潜力大，经农作物品种审定委员会认定适宜当地种植的品种。适宜我省青稞产区的品种主要有甘青4号、甘青5号、黄青1号和黄青2号等。播前精选种子，选取大小均匀、无病虫、无霉变、无杂质、籽粒饱满，纯度不低于97%，净度不低于97%，发芽率不低于85%的种子。精选的种子播种后出苗快，出苗整齐，且根系多，幼苗叶片肥大，分蘖粗壮，有利于培育壮苗，实现增产。

（1）精选机筛选法

用孔隙适中的精选机筛选，工效快，质量高。一般筛孔直径在2.3毫米左右。可清除瘪粒

10%~18%，千粒重提高1.7~1.9克，发芽率提高8%~14%。精选后每亩可节约种子2.5千克左右，较未精选的还有显著增产效果。

（2）风选和筛选

风选是利用扬场机、风扇或自然风力，将种子的瘪粒、杂粒、浮壳或残茎等扬去，剩下饱满的种子。筛选是用一定大小筛孔的筛子，人工筛去瘪粒、土块、泥沙等，选留大而饱满的种子。

药挤拌种

（3）测定发芽率

青稞种子在贮存期间，如果保管不善，受潮或受热，都极易引起霉坏以及因虫蛀而降低发芽率。因此，在播前作好发芽试验，可以避免因

用种不当造成损失,并为确定播种提供依据。

2.种子处理

(1)播种前晒种

青稞种子从形态成熟到生理成熟(胚熟)的过程,统称为种子休眠期。只有完成休眠期的种子,才能发芽。晒种能使种皮干燥、改善透气性,有利于发芽和出苗。对成熟度差和休眠期长的种子,晒种能加速生理成熟过程,打破种子休眠期,使发芽快而整齐。一般应在播种前摊晒 1~2 天,晒种时要求匀摊薄晒,经常翻动。

(2)种子包衣或药剂拌种

青稞种植区长期低温干旱的气候环境利于多种病害的发生发展,种子包衣或药剂拌种,可有效防控病害,提高播种质量、促进全苗、壮苗。

"卫福"人工包衣:0.2 千克药、兑水 0.6 千克,拌种 50 千克。"立克秀"人工包衣:0.1 千克药兑水 1.25 千克,拌种 50 千克;机械包衣:0.1 千克药兑水 1 千克,拌种 50 千克。药剂拌种可选用 3% 的敌委丹悬浮种衣剂(恶醚唑),用药量 3% 敌委丹悬浮种衣剂 100~200 毫升拌 100 千克种子。也可用 15% 的粉锈灵(三唑酮)或立克秀(1-(4-氯苯基)-4,4-二甲基-3-(1H-1,2,4-三唑-1-基甲基)戊-3-醇)拌种,每 50 千克种子拌 20~30 克,15% 的粉锈灵(亩用 50~80 克)或立克秀,可有效防治青稞云纹病、条纹病、网斑病、黑穗病。为了保证质量、防止药害,尽可能采用(大型)自动化机械包衣;没有机械包衣条件而采用人工拌种包衣,应严格遵从种衣剂使用说明书的剂量要求和方法。

青稞丰产播种技术

"七分种三分管",把好播种关是夺取青稞高产的关键。即主要抓好选地关,进行轮作倒茬,深耕结合精细整地、施足基肥,选用良种,确定合理的播种深度和密度,适期播种等几个方面。

1.轮作倒茬

青稞忌连作,须进行合理轮作。重茬易造成土壤养分缺乏,并加重病虫、草的危害和蔓延,导致减产。前茬作物一般以油菜、豆类、马铃薯为最佳,前茬作物收获后应立即深翻熟土,使土层疏松,有利于根系发育及壮秆增穗,轮作方式

一般为青稞—马铃薯—油菜,油菜—青稞,蚕豆—青稞。

2.精细整地

整地是创造具有适宜的坚实度和通透性能的良好土壤,有利于土壤微生物活动,促进养分分解和提高播种质量;也有利于青稞根系下扎,加强对水、肥的吸收能力,满足青稞生长发育需要。深耕结合精细整地的标准是:深、透、细、平、实、足,目的是在精细整地的基础上,调整水、气比例和坚实度,创造良好土壤条件,利于青稞生长,实现高产。在封冻前要及时进行耙耱镇压保墒,消灭土块,做到耙耱平整,通过镇压,抑制土壤水分蒸发。播前结合整地用40%燕麦畏乳油180毫升/亩,兑水15千克/亩,均匀喷雾地表或潮湿细土洒施地表,耙深8~10厘米混埋农药,或用其他高效、低毒化学药剂进行土壤处理提前预防野燕麦草害。

3.施足基肥

青稞在生产中所需的氮磷钾比例为1：0.9：0.6,亩施纯氮6.9千克、五氧化二磷6.3千克、氧化钾2.8千克。施底肥,一般原则为"重施基肥,用好种肥、早施草肥",尽量做到化肥深施、早施,尽量避免与种子混施,造成伤苗。整地时每亩施入农家肥1000~2000千克,磷酸二铵7.5~10千克,尿素2.5~5千克作基肥;未施农家肥的地块,亩施入磷酸二铵15千克,尿素

10 千克作基肥。

🌾 4.播种

(1)播种时间

适期播种不仅是达到全苗壮苗的关键,还有利于青稞健壮生长发育,培育壮秆大穗,达到正常成熟,是提高青稞单产和大面积均衡增产的重要措施。青稞播种时平均气温在3℃~4℃为宜,表土化冻后抢墒播种。也可根据当地气候情况适当提前或延迟一周左右。一般在3月中旬至4月中旬、地温稳定通过1℃,土壤表层宜耕时播种为宜,提倡适期早播。一般半农半牧区(海拔2400~3000米)在3月中旬播种,草地牧区(海拔3000~3400米)4月上旬播种。

(2)播种量

播种量依品种类型、不同地区、种植方式、土壤肥瘦等具体条件而定,一般分蘖力强、成穗率高的品种应少播,分蘖力弱、成穗率低的品种应多播,撒播比条播的播种量大,土肥条件优良应合理密植,亩播量控制在16~20千克。不抽穗或半抽穗型品种亩播量28万~32万粒,全抽穗型品种亩播量为32万~36万粒,山旱地取播量上限,旱川地取播量下限。

(3)播种方式

采用机械或畜力5~7行或3行谷物播种机条播,行距12~15厘米。在播种前根据所要求的播种量,调整播种机的下种量,并在田间检查验证。

(4)播种深度

播种的深浅,直接影响出苗的好坏和幼苗的壮弱。一般来说,撒种时尽量将种子撒在沟内,种子覆土2~3厘米,最厚不能超过5厘米。在干旱土壤和沙质土壤里播种,宜稍深一些,播深4~6厘米;在湿润土壤和黏质土壤里播种,则宜稍浅一些,播深3厘米左右。

青稞高产栽培田间管理技术

青稞的田间管理要突出一个"早"字,早查苗补苗,早施苗肥,及时除草、灌水、防治病虫害。因地制宜及早开展田间管理是实现青稞高产的关键措施。

(1)查苗补苗

青稞出苗后要及时进行检查,发现缺苗断垄情况,应立即进行补种或采取带土移栽的方法,移密补稀、补缺,去弱留强。补种的种子,先用温水浸泡催芽,使其在补种后出苗快,赶上正常播种出苗的幼苗生长季节。还要破除板结,确保苗匀、苗全,为壮苗奠定基础。

(2)中耕除草

苗期田间杂草大量萌发生长,选晴天进行人工松士除草。在青稞三叶一心至拔节前结合中耕除草,化学防除田间杂草,用5%爱秀(唑啉草酯乳油)每亩用80~100毫升兑水15~30千克进行茎叶喷雾防除野燕麦,每亩用麦瑞或麦好(20%苯磺隆可湿性粉剂)4.5~7.5克兑水30~40千克进行茎叶喷雾或用72%的2,4-D丁酯每亩40~50毫升兑水30千克喷雾防除阔叶杂草。

(3)早追肥

视苗情酌情追施化肥,为青稞增蘖、增穗、增粒打基础。追肥以氮肥(尿素)为主,最好结合灌

青稞查苗补苗

中耕除草

水或降雨进行。在青稞苗期视其长势，在下雨前亩追施尿素 2.5~5 千克；抽穗前期亩施尿素 3~4 千克。在青稞开花至灌浆期，叶面喷施磷酸二氢钾 1~2 次，每次用量 0.1 千克／亩，兑水 30 千克，加尿素 0.5~1 千克进行喷施，间隔时间 7~10 天。对延长叶片功能，顺利灌浆成熟和提高千粒重，有很好的效果。

（4）及时灌水

灌水和追肥是保证青稞生长代谢的营养及水分的需求。有灌溉条件的田块，苗期适时灌水可促进青稞的穗分化，形成大穗，亩灌水 60~80 立方米。在抽穗开花及灌浆期灌水，可促进青稞籽粒饱满和营养物质的积累，亩灌水 50~60 立方米。后期灌水密切关注天气预报，避免在大风天气浇水，防止倒伏。

（5）病虫害防治

防治青稞黑穗病，采用粉锈宁拌种或用 15% 粉锈宁可湿性粉剂 1000 倍液喷雾。麦鞘毛眼水蝇在青稞抽穗期用 50% 的辛硫磷乳油、40% 的乐果乳油等农药 1000 倍 ~2000 倍液进行喷雾防治。金针虫等地下害虫用 50% 辛硫磷（0,0- 二乙基 -0-alpha- 氰基苯叉氨基硫逐磷酸酯）按种子重量的 0.2% 拌种进行防治。

青稞收获与贮藏技术

收获时期和方法对产量、品质和作业效率，都有很大影响。贮藏的方式、时间对产量、品质也有很大影响。确定适宜的收获时期，采取合理的收获方式可确保青稞颗粒归仓，合理贮藏可有效减少收获后的损失。

1.青稞的收获

（1）确定收获时期

收获适期与品种特性(落粒性、休眠期)、籽粒成熟和天气条件等密切相关。人工和半机械化适宜的收获期以蜡熟末期为宜。此时收获有如下好处：籽粒在捆子上完成后熟过程，干物质积累

最多，可增加干粒重，茎秆尚有韧性，穗子断落少；籽粒不易霉坏变质，保证了加工、用种质量。机械化适宜的收获期以完熟期为宜。

（2）收获方法

人工和半机械化收割时，应争取在蜡熟末期（即 70%以上的植株茎叶变成黄色，籽粒具有本品种正常的色泽且变硬）抢收，湿润地区也可延至完熟期；尽量避免完熟后收割，造成掉穗、落粒损失。割茬高度要尽量低一些，以增加秸秆产量和利于整地作业。应随割随捆，干燥后再捆易落粒。天气晴朗时，一般于田间将捆子倒置，3~5个捆子架在一起，促进籽粒的后熟并将水分基本晒干，5~7 天后再运到晒场；若收割后遇雨，应

将捆子运到晒场,穗子向外堆成圆垛,垛顶盖晒席或塑料布遮雨。

机械收割应在完熟期（即所有的植株茎叶变黄,籽粒变硬)择晴朗天气进行收割。

(3)脱粒方法

除联合收割的随收随脱外,主要有机械脱粒、人工连枷脱粒。脱粒后的籽粒,必须经过干燥和清选,然后才能入库贮存。一般加工用的杂质率应低于 1.5%,留种用的应低于 0.5%。

2.青稞的贮藏

贮藏是减少收获后的损失, 保持其优良品质的重要措施,并为加工利用奠定基础。籽粒收获后及时晾晒、清选,使籽粒含水量降至 13%,入仓或装袋贮藏。库房通风干燥,注意做好防治虫鼠害,防潮湿,合理通风。

谷子主栽品种介绍

1.张谷6号

品种来源:张掖市农科院选育,省认定号:甘认谷2012001。

主要性状:属中早熟品种,株型紧凑,较抗倒伏,抗谷子黑穗病,4月中旬至5中旬播种,每亩保苗4.5万株。千粒重3.6克,生育期115天,示范区平均亩产559.9~574.3千克,较对照张掖286增产60.1%~60.2%。

适宜范围:适宜甘肃省甘州、民乐、山丹种植。

2.银谷1号

品种来源:白银市农技中心选育,省认定编号:甘认谷2010001。

主要性状:属晚熟品种,春播4月中旬播种,千粒重2.8克,耐旱抗倒,高抗黑穗病,抗黄矮病。区试亩产382.3千克,较对照凉谷增产8.4%。

适宜范围:适宜会宁、平川、白银等地海拔2000米以下地区春播。

3.陇谷11号

品种来源:甘肃省农业科学院作物研究所选育,省认定编号:甘认谷2009001,国鉴定编号:国鉴谷2011003。

主要性状:属中熟品种,中部地区4月25日播种,陇东5月上旬播种。生育期135天,千粒重4.1克,抗旱强,抗倒伏;抗谷子黑穗病,区试亩产332.8千克,平均比对照增产1.82%。

适宜范围:适宜甘肃中部春播,也适宜甘肃河西走廊、陇中、陇东南地区种植。

4.陇谷10号

品种来源:甘肃省农业科学院作物研究所,

国鉴定编号：国鉴谷 2003005。

主要性状：属中早熟品种，4 月 20 日播种，千粒重 3.45 克，生育期 130 天左右，抗黑穗病、谷瘟病、谷锈病、线虫病。区试亩产 153.02 千克，较对照陇谷 5 号增产 13.31%。

适宜范围：适宜在甘肃河西、陇中种植。

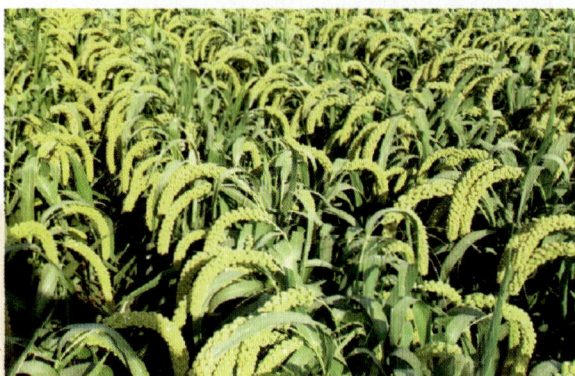

5.陇谷 8 号

品种来源：甘肃省农业科学院作物研究所选育，2003 年通过省审定。属早熟品种。

主要性状：4 月 20 日播种，宜密植，千粒重，生育期春播 112~136 天，夏播 79~101 天，抗旱、抗倒，抗黑穗病。区试验亩产 238 千克，较陇谷 5 号增产 17.3%。旱地亩产 200 千克，丰产田可达 250 千克。

适宜范围：适宜我省海拔 1800~2100 米旱川、旱山地正茬春播，沿黄灌区和陇东海拔 1400 米以下地区夏播复种。

6.张杂谷 3 号

品种来源：河北省张家口坝下农科所、中国农业科学院品种资源研究所选育。

主要性状：生育期 125 天，千粒重 3.23 克，抗谷锈病，谷瘟病、纹枯病、白发病、线虫病，耐旱高产、抗旱，增产幅度在 30%~100%。

适宜范围：适宜在我省平凉、庆阳、天水、白银、定西、武威等地种植。

谷子高产栽培种子处理技术

"谷打三壮"，即壮苗、壮秆、壮穗。三壮之中苗壮是关键，它是秆壮穗壮的基础。做好种子处理，是提高播种质量达到苗全、苗齐和壮苗的关键。对种子处理一般采用"三洗一闷一拌"处理。谷子种子发芽最低温度 7℃~8℃，最适温度 12℃~14℃，幼苗不耐低温，因此确定播期要因地制宜。谷子播种前 2~3 天，选择晴天中午将谷种均匀摊在地上晒种，播种前 1 天对种子进行"三洗一闷一拌"处理。即先用清水去秕籽，再用 10% 盐水漂去不饱满的籽粒，然后用清水洗盐；将清选好的种子用种子量 0.1% 的内吸磷类农药如辛硫磷拌种防治地下害虫；同时用种子量 0.2%~0.3% 的瑞毒霉或金满利或多菌灵等拌种防治白发病和黑穗病，拌种后堆闷 6~12 小时即可播种。

谷子田间管理技术

谷子田间管理的重点是间苗定苗，补肥追肥，病虫害防治。

（1）破除板结

谷子抓苗是田间管理的主要环节，若干土层厚，遇降雨会形成板结，应及时用铲拍打破除板结，以利出苗。

（2）及时查苗间苗

俗语"谷间苗，顶上粪"，间苗是培育壮苗的主要措施，但谷子在干旱年份不易扎根，应在苗高 7 厘米时开始间苗，间苗时注意拔掉病、小、弱苗，一般间苗两次即可。

（3）适时定苗

按照"肥地宜稠，薄地宜稀，留壮苗，留匀苗"的原则留苗，于 6~7 叶定苗。张杂谷系列品种每亩保苗 1.5 万 ~2.0 万株，雨水好时张杂谷还有分蘖；陇谷系列或其他品种每亩保苗 2 万 ~2.5 万株，陇谷系列一般没有分蘖。

（4）补肥追肥

拔节、抽穗期对墒情较好、肥力不足的地块，可根据长势适量追肥。可随降水撒施尿素 5 千克，或选用喷施宝 1500 倍液或 5 克 / 千克磷酸二氢钾与尿素的混合液，田间常量喷雾，每隔 7~10 天喷一次，连喷 2~3 次，促进籽粒饱满。

（5）病虫害防治

谷子虫害苗期主要是谷叶甲，后期主要是钻心虫等。

旱地谷子地膜覆盖栽培技术

旱地谷子地膜覆盖栽培技术是近年来推广的一项丰产栽培新技术,具有显著的抗旱、增温、增产等作用,主要技术如下。

1.铺膜技术

杂草危害严重的地块,先要膜下除草,覆膜前用44%谷友可湿性粉剂120克/亩兑水全地面喷施,喷完后及时覆膜,选择厚度为0.01毫米加有抗老化的地膜,三垄覆膜与膜上覆土一次完成。膜与膜之间不留空隙,膜上覆土厚度1厘米左右,行距20厘米,穴距10厘米,每穴下种3~5粒,留苗一株。膜侧播种选宽40厘米地膜,垄面宽25厘米,高10厘米,垄间距25厘米,每垄两侧各种一行谷子,行距15厘米。一般播种深度4厘米。3米压一土带,防止大风揭膜。播后及时对垄沟和膜际踩踏镇压。一般品种每亩播种量0.5~0.75千克,张杂谷系列品种0.75~1.0千克。

2.田间管理

（1）破除板结

遇降雨会形成穴眼板结,应及时用铲拍打穴口破除板结,以利出苗。

（2）间苗定苗

俗语"谷间苗,顶上粪",幼苗五叶一心开始间苗注意拔掉病、小、弱苗。张杂谷系列品种每穴

留苗 2.0~3.0 株，每亩保苗 2.0 万 ~2.5 万株，雨水好时张杂谷还有分蘖；陇谷系列或其他品种每穴留苗 3.0~5.0 株，每亩保苗 3.0 万 ~3.5 万株，陇谷系列一般没有分蘖。

间苗

定苗

（3）补肥追肥

撒施尿素 5 千克，或选用喷施宝 1500 倍液或磷酸二氢钾与尿素的混合液。

谷子高产栽培防秕增粒技术

谷子高产栽培防秕增粒的关键技术可以概括为"四适一定"，即选用适合当地的优良品种，采用适当的种子处理，进行适期播种，选留适宜的密度，因地以产定肥。

（1）选用适合当地的优良品种

选用适合当地自然条件的优良品种是防秕增粒高产高效的内在条件，建议以陇谷系列和张杂谷系列为主栽品种。

（2）适当的种子处理

播种前用清水清洗种子，除去种子上的病菌孢子，或用 35% 的瑞毒霉按种子质量的 0.3%~0.5% 拌种，防治白发病，或用 50% 多菌灵按种子重量的 0.5% 拌种，防治黑穗病。

（3）适期播种

播种时间一般选择在 4 月中下旬至 5 月上旬播种。

播种

（4）选留适宜密度

每亩保苗 2.5 万 ~3.5 万株，比较适宜。

（5）以产定肥，增氮增磷

一般来说，谷子每生产 100 千克谷粒要从土壤和肥料中吸纯氮 2.6 千克左右，要达到高产高效就必须满足其对养分的要求，土壤中有效氮一般有 15.24 毫克 / 千克加之土壤供氮能力差，如果按 30% 的吸收率计算，谷子从土壤吸收的纯氮每亩只有 0.72~1.14 千克，因此，增施肥料是谷子获得高产高效的重要措施。一般亩施 3000 千克优质农家肥和 50 千克谷子专用肥的施肥方案。在施肥技术上，农家肥和谷子专用肥应作为底肥一次深施，如果地力较差，可根据需要在拔节期追施少量专用肥，以促进营养生长，如果地力较好，特别是高肥地块，可在拔节后，抽穗前的孕穗期分两次追施少量专用肥，以防止后期脱肥早衰，影响产量。

谷子收获和贮藏技术

1.谷子收获技术

1)适时收获。收获要根据谷子籽粒的成熟度来决定。收获过早,籽粒不饱满,青粒多,籽粒含水量高,籽实干燥后皱缩,干粒重低,产量不高,谷穗及茎秆含水量高,在堆放过程中易放热发霉,影响品质;收获过迟,茎秆干枯易折,穗码脆弱易断,谷壳口松易落粒。谷子以蜡熟末期或完熟初期收获最好。

2)收获时割下的谷穗要及时进行摊晒,防止谷穗发芽和霉变。

3)谷子的脱粒可采用畜力或车辆碾场,也可采用机械脱粒。碾场时谷穗平铺的厚度以13~16厘米为宜,注意清理干净场地,防止杂质、沙粒等混入谷子中影响质量。

4)收获的谷子具有一定的生命力,不仅能进行呼吸,而且对水分的吸附能力也较强。因此,在贮藏期间,要注意降低温度和水分,抑制谷子呼吸作用,减少微生物的侵害。谷子的贮藏方法有两种:一是干燥贮藏,在干燥、通风、低温的情

收获

况下，谷子可以长期保存不变质；二是密闭贮藏，将贮藏用具及谷子进行干燥，使干燥的谷粒处于与外界环境条件相隔绝的情况下进行保存。

2.谷子贮藏技术

谷子外被有坚硬的外壳，有防虫和防霉作用。但是，谷子往往含杂质和瘪粒较多，粮堆内孔隙小，当水分含量高时，粮堆内的湿、热气不易散开，而且导致发热霉变。因此，谷子收获后，及时晒干，降低水分（12.5%以下），同时清除杂质和瘪粒，入仓后，要注意通风防湿，进行低氧密闭保管，如遇反潮，要及时做晾晒处理。谷子上面还可压盖异种粮（绿豆、赤豆），防止蛾类害虫。露天囤，气温较高时向阳面和上部有发热现象，所以在入夏之前，应加以苫盖，防止阳光直晒。

糜子主栽品种简介

1.陇糜5号

品种来源:甘肃省农科院粮作所选育。

特征特性:株高95.4~122.4厘米,籽粒黄色,圆形。单株粒重5~8.5克,千粒重7.7~8.0克。出米率80%,米粒黄色、粳性。早熟品种,生育期春播105天,夏播70天,抗旱抗病性强,适播期长。

产量表现:平均亩产149.7千克;在陇东旱地复种示范中,各地还出现了陇糜5号亩产200千克以上,麦、糜两作合计亩产超千斤的高产典型。

栽培要点:亩施农家肥3000千克,尿素10千克,过磷酸钙30千克。在海拔1800米左右的春播区,应在5月20日前后播种,2000米地区,5月10日前后播种,在海拔较低的麦后复种区,应在6月底或7月上旬完成播种任务。旱地春播每亩保苗5万株,旱地复种保苗7万~9万株,水地复种以15万株为宜。播深5~7厘米。

适宜范围:在我省既适应于海拔1750~2100米的地区春播,也适宜于1250~1500米的地区夏播复种。

2.陇糜7号

品种来源:甘肃省农科院作物所选育。

特征特性:株高144~151厘米,穗长

26~29厘米,单株粒重6.3~7.0克,籽粒褐色,千粒重7.8~8.5克,出米率80%。生育期春播120天,夏播75天左右。单株有效分蘖1.0~1.2个。抗糜子黑穗病,耐黄矮病。

产量表现:平均亩产146.3千克,较统一对照陇糜4号增产18.3%。

种植密度:亩保苗,旱地春播5万株,旱地复种8.5万株,水地复种14万株为宜。

适宜范围:适宜在甘肃省海拔1650~1850米的地区春播,海拔1200~1400米的地区麦后夏播复种。

3.陇糜8号

品种来源:甘肃省农科院作物所选育。

特征特性:米黄色粳性,含粗蛋白16.56%,粗脂肪3.60%,赖氨酸0.24%。生育期春播112天左右,夏播63~70天。单株有效分蘖1.2~1.3个。高抗糜子黑穗病,耐黄矮病。

产量表现:平均亩产137.1千克,较统一对

照陇糜 4 号增产 11.5%。

栽培要点：在海拔 1700~1900 米的地区春播 5 月中旬播种。夏播复种区抢时早播。海拔在 1250~1450 米的地区，应在 6 月底或 7 月初完成播种。每亩保苗，旱地春播 5 万株，旱地复种 8 万株，水地复种以 13.5 万株为宜。

适宜范围：春播适宜在我省海拔 1700~1900 米的地区，也适宜 1250~1450 米的地区小麦收后夏播复种。

4.陇糜 9 号

品种来源：甘肃省农科院作物所选育。

特征特性：植株高大，分蘖强，散穗型。主穗长 34.0 厘米，穗重 6.0 克，千粒重 7.2 克。生育期 105 天，中晚熟品种，抗旱性强，抗糜子黑穗病、黄矮病。

产量表现：平均亩产 209.9 千克，较统一对照榆糜 3 号增产 6.51%。

栽培要点：①施足底肥，增施追肥，氮磷配合施用。旱地亩施优质农家肥 2000 千克、尿素 8 千克、过磷酸钙 25 千克，对肥料不足的弱苗田要注意早期追肥。②适时早播。根据当地种植生产情况适时早播。在海拔 1650~1850 米的春播区应在 5 月中下旬完成播种。③春播每亩保苗 5 万株。④加强田间管理，严防麻雀危害，成熟后及时收获。

适宜范围：会宁及生态类型相似地区。

5.陇糜 10 号

品种来源：甘肃省农科院作物所选育。

特征特性：株高 111.3 厘米，主茎节数 6.5

节，茎基粗 0.55 厘米左右。侧穗穗重 5.27 克，穗长 29.8 厘米，粒色绿色饱满，千粒重 8.6 克，生育期 115 天左右，抗糜子黑穗病。

产量表现：平均亩产 254.12 千克比统一对照陇糜 5 号增产 13.16%。

栽培要点：在海拔 1650~1850 米的春播区应在 5 月中下旬播种。夏播复种区抢时早播种是夺取复种糜子丰产的技术关键。一般海拔 1200~1400 米的地区应在 6 月底或 7 月初完成播种，播种深度应控制在 3~5 厘米之间。旱地春播每亩保苗 5 万株，旱地复种每亩保苗 8.5 万株，水地复种每亩保苗 14 万株。

适宜范围：适宜我省海拔 1650~1850 米的地区春种，也适宜 1200~1400 米的地区小麦收后夏播复种。我省会宁、安定区、渭源、合水、环县、秦安等地均适宜种植。

春播糜子高产栽培技术

糜子是禾本科杂粮作物,是我省旱作农业区的重要杂粮作物之一,具有耐旱、耐瘠、适应性广、生育期短等特点。播种时间上可分为正茬春播和夏播复种。春播糜子高产栽培技术是于每年春季进行播种的一种栽培技术,是春旱改种、调整茬口的重要作物之一。

1.茬口选择

糜子在黏土、壤土、沙土和山、川、塬地均可种植,但以土层深厚、土质肥沃、通气良好的地块种植为好。春播适宜的前茬作物以豆类、小麦、马铃薯等茬口较好,实行 3~4 年轮作。

2.精细整地

春播糜子在前茬作物收获后,及时深耕灭茬,耕深 20 厘米以上,土壤封冻前镇糖一次,翌年早春顶凌耙糖,播前浅耕,随耕随糖,土壤墒情差时,镇压提墒,达到上虚下实无坷垃,干净细碎无根茬,为播种出苗创造良好土壤条件。

3.施足基肥

春播糜子结合头年秋深耕亩施优质农家肥 2000 千克以上,尿素 10~12 千克,过磷酸钙 25~30 千克,硫酸钾 4~5 千克或氯化钾 5~8 千克作基肥,在施用草木灰或肥力较高的地块可以不施钾肥。

4.品种选择及种子处理

品种选择各地结合当地实际选用丰产性好、抗倒伏、抗病虫的品种。推荐选用陇糜 8 号、陇糜 10 号等早熟品种和陇糜 7 号、陇糜 9 号等晚熟品种。品种选好后,要精选种子,剔除秕籽和杂质,选籽粒饱满、发芽率高、无病虫害、无霉变的种子,在播前晒种 2~3 天,同时可在播前用种子重量 0.2%~0.3% 的 40% 拌种双可湿性粉剂,或 50% 甲基托布津可湿性粉剂拌种,也可用 20% 石灰水浸种 1 小时,堆闷 7~10 小时再播种。

5.播种时间、方式及密度

(1)适期播种

一般要求播种时地温要稳定在 12℃ 以上,出苗时终霜期已过,晚熟品种可以适期早播,早熟品种在不影响成熟和营养体生长的原则下,可适期晚播。一般在 5 月上中旬播种为宜。

(2)播种方法

采用三行畜力播种机或机引耧播，播深4~5厘米，播后立即耙糖保墒。墒情不好时进行镇压1~2次，使种子和土壤紧密接触。

（3）合理密植

每亩播量一般控制在1千克左右为宜。春播糜子在肥力较好的地块，亩保苗3.5万~4.5万株；瘠薄地块，适当密植，亩保苗4.0万~5.0万株。

6.田间管理

（1）破除板结

糜子顶土能力差，播后遇暴雨应及时轻耙破除板结，以利于出苗。

（2）中耕除草和间苗

糜子苗期易受杂草危害，出苗后要及早进行中耕除草和间苗，当幼苗长到3~4叶时即可松土除草并间苗，长到5~6叶时必须定苗，避免多余的幼苗争水争肥，消耗养分。

（3）追肥

拔节孕穗期结合降雨或中耕顺行每亩追施尿素5~7.5千克，抽穗期亩叶面喷施0.3%~0.4%磷酸二氢钾水溶液50~60千克。

（4）病虫草害防治

1）病害。糜子病害主要有黑穗病和黄矮病。黑穗病播前用种子量0.2%~0.3%的50%甲基托布津拌种或用0.2%~0.3%的40%拌种双可湿性粉剂拌种。黄矮病每亩用10%吡虫啉3000倍或2.5%高效氯氟氰菊酯1500倍加天达2116（粮食专用型）600倍混合喷雾，可有效地控制黄矮病的发生。

2）虫害。糜子地下害虫主要有蝼蛄、蛴螬、金针虫等，地上害虫主要有钻心虫、黏虫等。一般通过深耕深翻将地下害虫虫体、虫卵翻出地表，通过暴晒、冷冻及鸟类觅食，减少地下害虫数量。对于地下害虫也可用50%辛硫磷乳油0.2千克兑水5千克，拌种100千克防治，也可每亩用2~3千克毒辛颗粒剂进行土壤消毒。地上害虫也可在糜子出苗达到60%时用异戊菊酯乳油2000倍液，或80%敌敌畏乳油1000倍液喷雾防治。

3）雀害。糜子灌浆后，麻雀危害严重，要派人看管，在糜子田间绑草人或挂布条也有一定防避效果。

4）草害。谷莠草是糜子的伴生杂草，苗期与糜子形态相似，不易识别，要及时人工拔除。也可于播前每亩用50%扑灭津可湿性粉剂0.3千克兑水40千克喷雾处理土壤。

7.适时收获

当95%的植株进入蜡熟期，籽粒变硬，糜穗呈现本品种固有色泽时，为最佳收获期，应及时收割，并随收随运，及时打碾、晾晒、入库。

糜子高产栽培田间管理技术

俗话讲"有收无收在于种，收多收少在于管"。糜子虽然抗逆性强，适应性广，但后期田间管理的好坏，直接决定着产量的高低，特别是糜子进入生长后期时对病害和雀害的防治和管理尤为重要。其管理要点如下：

1.破除板结

糜子顶土能力差，若播后遇暴雨应及时轻耙破除板结，以利于出苗。

2.中耕除草和间苗

糜子苗期易受杂草危害，出苗后要及早进行中耕除草和间苗，当糜子幼苗长到 2 厘米时即可松土除草并间苗，长到 3 厘米时必须定苗，避免多余的幼苗争水争肥，消耗养分。

3.追肥

拔节孕穗期结合降雨或中耕顺行每亩追施尿素 5~7.5 千克，抽穗期亩叶面喷施 0.3%~0.4%磷酸二氢钾水溶液 50~60 千克。

4.病虫草害防治

（1）病害

糜子病害主要有黑穗病和黄矮病。

1）农业防治

一般通过选用抗病品种或加强栽培管理来防治。加强栽培管理防治病害主要是通过及时铲除田边杂草，减少侵染源，在田间发现病株要立即拔除等。

2）化学防治

黑穗病：播前用种子量 0.2%~0.3%的50%甲基托布津拌种或用 20%石灰水浸出液浸种 1 小时。黄矮病：每亩用 10%吡虫啉 3000

倍或 2.5% 高效氯氟氰菊酯 1500 倍加天达 2116(粮食专用型)600 倍混合喷雾,可有效地控制黄矮病的发生。锈病:发病初期用 65% 或 80% 的代森锌可湿性粉剂 500 倍 ~800 倍液或 20% 粉锈宁乳剂 1000 倍 ~2000 倍液喷雾防治。

(2)虫害

糜子虫害主要地下害虫有蝼蛄、蛴螬、金针虫等,地上害虫主要有钻心虫、黏虫等。

1)农业防治

深耕深翻:伏秋深耕将地下害虫虫体、虫卵翻出地表,通过暴晒、冷冻及鸟类觅食,减少地下害虫数量。糖醋液诱杀:在田间放置糖醋液诱杀蝼蛄、黏虫成虫。每 3~5 亩放一盆。加强田间管理:合理密植,培育壮苗。增加植株抗虫害能力,及时清除田间杂草,减少虫源栖息场所。

2)化学防治

地下害虫:主要有蝼蛄、蛴螬、金针虫。用 50% 辛硫磷乳油 0.2 千克兑水 5 千克,拌种 100 千克防治,也可每亩用 2~3 千克的毒辛颗粒剂进行土壤消毒。

钻心虫:危害严重的地块在糜子出苗达到 60% 时即可用异戊菊酯乳油 2000 倍液或 80% 敌敌畏乳油 1000 倍液喷雾防治。

黏虫:在幼虫 3 龄以前,可用速灭杀丁、溴氰菊酯 3000 倍 ~4000 倍液喷雾防治。

(3)雀害

糜子灌浆后,麻雀危害严重,要派人看管,在糜子田间绑草人或挂布条也有一定防避效果。

(4)草害

谷莠草是糜子的伴生杂草,苗期与糜子形态相似,不易识别,要及时人工拔除。也可于播前每亩用 50% 扑灭津可湿性粉剂 0.3 千克兑水 40 千克喷雾处理土壤。

5.适时收获

收获过早,没有成熟,影响糜子的产量和品质;收获过晚容易造成糜子掉粒,严重影响糜子产量。因此及时收获很关键。当糜子 95% 的植株进入蜡熟期,籽粒变硬,糜穗呈现本品种固有色泽时,为最佳收获期,应及时收割,并随收随运,及时打碾、晾晒、入库。

糜子高产高效地膜覆盖栽培技术

糜子全膜覆土穴播技术集覆盖抑蒸,膜面集雨于一体,可大幅度提高土壤水分利用率,有效解决旱地糜子生育期缺水和产量低而不稳的问题,增产效果显著,其主要技术要点如下:

1.选地、整地

糜子对土壤和茬口要求不严格,黏土、壤土、沙土均可种植。有条件的地方最好选择土层深厚、土质疏松、土壤肥沃、坡度15°以下的地块种植。前茬以豆类、小麦、马铃薯等作物为好。当年前茬作物收获后,及时深耕灭茬,耕深20厘米以上,土壤封冻前镇糖一次,翌年早春顶凌耙糖,播前浅耕,随耕随糖,土壤墒情差时,镇压提墒,达到"上虚下实无坷垃,干净细碎无根茬",为播种出苗创造良好土壤条件。

2.合理施肥

糜子对肥料反应敏感,基肥最好在秋耕打糖

收口时一次性施入。一般亩施优质农家肥2500~3500千克以上,尿素8~10千克,过磷酸钙25千克,硫酸钾5千克。

3.品种选择

选用熟性适中、高产优质、抗逆性和抗倒伏能力强、适合当地积温条件的优良新品种,如陇糜5号、陇糜7号、陇糜8号、陇糜9号、陇糜10号等。

4.种子处理

播前要精选种子,剔除土块、杂草种子以及秕子和破损籽粒等。播前晒种2~3天,以增强种子活力和发芽势。播前用种子质量0.2%~0.3%的40%拌种双可湿性粉剂,或种子质量0.5%的50%的多菌灵可湿性粉剂拌种,以防糜子黑穗病。

5.覆膜覆土

地膜一般选用厚度为0.01毫米、宽度为120厘米的抗老化地膜。全地面平铺地膜,不开沟压膜,下一幅膜与前一幅膜紧靠对接,膜与膜之间不留空隙,不重叠。在膜侧就地取少量土均匀撒于膜面,取土时尽量不要挖坑,边取边整平。膜上覆土必须用细绵土,切勿将土块撒在膜面上,以免影响播种质量。膜上覆土要均匀,厚度1厘米左右,覆土不留空白,地膜不能外露。

6.适期播种

当 5~10 厘米土层温度稳定在 10℃~12℃时应及时播种,一般为 5 月中下旬。

7.合理密植

地膜糜子播种时用穴播机播种,每穴下籽 2~4 粒为宜。行距 20~25 厘米,穴距 15 厘米,播深 3~5 厘米。肥力好、水平高的地块应稀植,亩保苗 5 万株;肥力差的地块适当密植,亩保苗 8 万株。如果春季干旱少雨,播种时可适当增加下籽量。

8.田间管理

(1)间苗、定苗

出苗后及时检查,注意放苗,如有穴苗错位,膜下压苗应及时处理。3~4 叶时要及早进行一次间苗,间苗时注意拔掉病、小、弱苗,去杂留纯。5~6 叶期定苗,每穴留 3~5 株,缺苗处要在邻穴处多留苗。

(2)防治杂草

全膜糜子杂草生长较快,除采取膜上压土、人工踩踏外,对播种孔长出的杂草要及时拔除,

谷莠草是糜子的伴生杂草,苗期与糜子形态相似,不易识别,要注意及时人工拔除,也可于播前每亩用 50%扑灭津可湿性粉剂 0.3 千克兑水 40 千克喷雾处理土壤。

(3)病害防治

糜子病害主要有黑穗病和黄矮病。黑穗病播前用种子量 0.2%~0.3%的 50%甲基托布津拌种或 0.2%~0.3%的 40%拌种双可湿性粉剂拌种。黄矮病每亩用 10%吡虫啉 3000 倍或 2.5%高效氯氟氰菊酯 1500 倍加天达 2116(粮食专用型)600 倍混合喷雾防治。

(4)虫害防治

糜子地下害虫主要有蝼蛄、蛴螬、金针虫等;地上害虫主要有钻心虫、粘虫等。农业防治一般通过深耕深翻将地下害虫虫体、虫卵翻出地表,通过暴晒、冷冻及鸟类觅食,减少地下害虫数量。化学防治地下害虫用 50%辛硫磷乳油 0.2 千克兑水 5 千克,拌种 100 千克防治;也可每亩用 2~3 千克毒辛颗粒剂进行土壤消毒。地上害虫可在糜子出苗达到 60%时用异戊菊酯乳油 2000 倍液或 80%敌敌畏乳油 1000 倍液喷雾防治。

(5)雀害防治

糜子抽穗后,要驱赶麻雀、严防雀害,降低损失。

9.适时收获

当糜子 95%的植株进入蜡熟期、籽粒变成品种固有色泽、糜穗上部籽粒饱满,部分籽粒破壳裸露就可收获。

复种糜子高产栽培技术

糜子耐旱、耐瘠、适应性广,生育期短,播种时间上可分为春播正茬和夏播复种。复种糜子高产栽培技术是于每年夏季进行播种的一种栽培技术,是灾后改种、提高复种指数的重要作物之一。

1.茬口选择

复种适宜的前茬作物以冬油菜、冬小麦最好,实行 3~4 年轮作。

2.精细整地

复种糜子在小麦收获后遇雨立即浅耕灭茬,精细整地,为提高播种质量和抓全苗创造良好的土壤条件。

3.施足基肥

复种糜子在前茬作物收获后,及时在地面每亩铺施有机肥 3000 千克以上,结合耕地亩施尿素 12~15 千克,过磷酸钙 30 千克,硫酸钾 4~5 千克作基肥。在施肥方法上坚持重施基肥、轻施追肥、肥地少施、薄地多施的原则。

4.品种选择及种子处理

品种选择各地结合当地实际选用丰产性好、抗倒伏、抗病虫的品种,复种以选用生育期短的品种为主。推荐选用陇糜 5 号、陇糜 8 号、陇糜 10 号等早熟品种;河谷川地选用陇糜 7 号、陇糜 9 号等晚熟品种。品种选好后,要精选种子,剔除秕籽和杂质,选籽粒饱满、发芽率高、无病虫害、无霉变的种子,在播前晒种 2~3 天,同时可在播前用种子重量 0.2%~0.3% 的 40% 拌种双可湿性粉剂,或 50% 甲基托布津可湿性粉剂拌种,也可用 20% 石灰水浸种 1 小时,堆闷 7~10 小时再播种。

5.播种时间、方式及密度

(1)适期播种

糜子是喜温短日照作物,对光温反应敏感。播种过早,气温低日照长,营养体繁茂,分蘖增加,易倒伏而致减产;播种过晚,则气温高,日照短,植株降低,分蘖少,穗小粒少,产量不高,因而适期播种是保证糜子高产、稳产的重要措施之一。由于各地的气候条件和耕作制度不同,因此各地要结合当地的气温、地温,选用品种和土壤墒情具体确定。复种糜子在前茬油菜、小麦收获后抓紧早播,越早越好,6 月 30 日前播种为宜,力争在 7 月 5 日前结束播种。

(2)播种方法

采用三行畜力播种机或机引耧播，播深3~4厘米，播后立即耙糖保墒。墒情不好时进行镇压1~2次，使种子和土壤紧密接触。

（3）合理密植

种植密度应根据生态类型、品种特性等确定，复种糜子分蘖成穗率低，应密植，亩保苗7万~9万株，亩播量一般控制在2.0千克左右。

6.田间管理

（1）破除板结

糜子顶土能力差，若播后遇暴雨应及时轻耙破除板结，以利于出苗。

（2）中耕除草和间苗

糜子苗期易受杂草危害，出苗后要及早进行中耕除草和间苗，当糜子幼苗长到3~4叶时即可松土除草并间苗，长到5~6叶时必须定苗，避免多余的幼苗争水争肥，消耗养分。

（3）追肥

拔节孕穗期结合降雨或中耕顺行每亩追施尿素5~7.5千克，抽穗期亩叶面喷施0.3%~0.4%磷酸二氢钾水溶液50~60千克。

（4）病虫草害防治

1）病害：糜子病害主要有黑穗病和黄矮病。栽培中农业防治一般是通过选用抗病品种或加强栽培管理来防治。加强栽培管理防治病害主要是通过及时铲除田边杂草，减少侵染源；在田间发现病株立即拔除等措施防治。化学防治黑穗病播前用种子量0.2%~0.3%的50%甲基托布津拌种。黄矮病每亩用10%吡虫啉3000倍喷雾，可有效地控制黄矮病的发生。

2）虫害：糜子虫害主要有蝼蛄、蛴螬、金针虫、钻心虫和黏虫等。农业防治措施主要是通过合理密植，培育壮苗，增强植株抗虫害能力，及时清除田间杂草，减少虫源栖息场所等措施来防治。生产中常通过深耕深翻将地下害虫虫体、虫卵翻出地表，通过暴晒、冷冻及鸟类觅食，减少地下害虫数量来防治。化学防治地下害虫用50%辛硫磷乳油0.2千克兑水5千克，拌种100千克防治，也可每亩用2~3千克毒辛颗粒剂进行土壤消毒。地上害虫可在糜子出苗达到60%时用异戊菊酯乳油2000倍液，或80%敌敌畏乳油1000倍液喷雾防治。

3）雀害：糜子灌浆后，麻雀危害严重，要派人看管，在糜子田间绑草人或挂布条也有一定防避效果。

4）草害：谷莠草是糜子的伴生杂草，苗期与糜子形态相似，不易识别，要及时人工拔除。也可于播前每亩用50%扑灭津可湿性粉剂0.3千克兑水40千克喷雾处理土壤。

7.适时收获

收获过早，成熟不好，影响产量和品质，收获过晚容易造成掉粒，严重影响产量，因此及时收获很关键。当95%的植株进入蜡熟期，籽粒变硬，糜穗呈现本品种固有色泽时，为最佳收获期，应及时收割，并随收随运，及时打碾、晾晒、入库。

胡麻优良品种介绍

1.陇亚10号

品种来源：由甘肃省农科院作物所选育而成，2005年通过我省审定，审定编号为甘审油2005002。

主要性状：株高47~77厘米，工艺长度35~54.7厘米，花蓝色，单株蒴果17~25个，蒴果着粒数6.5~8.1粒，籽粒褐色，千粒重7.43~9.3克。含油率39.46%~42.10%。生育期98~128天。抗倒伏、抗旱，高抗枯萎病。一般亩产为130千克左右。

栽培要点：一般川水地以3月下旬至4月上旬播种为宜，高寒山区以4月中下旬播种为宜。结合秋耕亩施有机肥2000~3000千克，并亩施磷二铵15千克作底肥，现蕾前后结合降雨亩施尿素或硝铵10千克左右。

适宜范围：适宜在我省天水、庆阳、静宁、兰州及张掖等地种植。

审油2009001。

主要性状：株高49.8~63.9厘米，花蓝色。种皮褐色，千粒重7.2~7.6克，含油率40.09%。生育期95天，属中熟品种。高抗枯萎病，抗倒伏，抗白粉病，抗旱性较强。一般亩产为150千克左右。

栽培要点：一般川水地以3月下旬至4月上旬播种为宜，高寒山区以4月中下旬播种为宜。亩播量3~3.5千克，亩保苗25万~35万株。

适宜范围：适宜在我省兰州、张掖、景泰、榆中等地种植。

2.陇亚11号

品种来源：由甘肃省农科院作物研究所选育而成，2009年通过我省审定，审定编号为甘

3.天亚9号

品种来源：由甘肃农业职业技术学院选育而成，2011年通过我省审定，审定编号为甘审油

天亚 9 号

2011002。

主要性状：油纤兼用型品种，生育期 99~105 天。株高 55~71 厘米，工艺长度 22~42 厘米，有效分枝 4.5~6.7 个，蓝花，单株结果数 10~18 个，蒴果着粒数 6.0~7.3 粒，种子褐色，千粒重 6.3~7.4 克，含油率 39.06%，高抗枯萎病。一般亩产为 130 千克左右。

栽培要点：川水地以 3 月下旬至 4 月上旬播种为宜，山地以 4 月上、中旬播种为宜。亩播量山旱地 3~4 千克，二阴区 3.5~4 千克，灌区 4~5 千克。亩施有机肥 2000~3000 千克，配合施磷二铵 15 千克/亩作底肥，枞形期前后结合灌水、降雨追施尿素 10 千克/亩。

适宜范围：适宜在我省兰州、定西、天水、平凉、白银等地种植。

4.定亚 22 号

品种来源：由定西市农科院选育而成，2003 年通过全国胡麻品种鉴定委员会鉴定。

主要性状：生育期 107~121 天。株高 51.7~69 厘米，工艺长度 34.1~43.9 厘米，株型较松散，花蓝色。单株结实蒴果 7.1~20.8 个，单果着粒数 7.1~8.5 粒。籽粒红褐色，千粒重 6.9~7.5 克，含油率 40.36%~41.4%。抗倒伏。高抗枯萎病。一般亩产为 120 千克左右。

栽培要点：播量每亩以 3.5~4.0 千克为宜，播期在 3 月下旬至 4 月上旬。施肥，一般亩施尿素 7~8 千克，过磷酸钙 20 千克。

适宜范围：适宜在我省定西、白银、静宁、兰州等地种植。

胡麻合理轮作倒茬技术

合理轮作倒茬是用地与养地相结合,保证粮食产量稳定和农业可持续发展的有效措施之一。

1.轮作倒茬的作用

合理轮作倒茬在农作物生产中有以下作用:一是可以维持土壤养分的平衡;二是抑制病虫害的发生;三是减轻伴生性和寄生性杂草的危害;四是调节土壤水分;五是在安排同一年度多种作物的田间作业中,起到调节劳动力的作用;六是可增加作物产量,提高质量,改善品质。

2.重茬、迎茬的危害

胡麻与其他作物一样不能种重茬、迎茬(隔年种植),迎茬比重茬给胡麻带的危害更大,因为迎茬是将上两年种植过胡麻的上层土壤通过耕翻复位到耕地的上层,胡麻所需的养分已缺失,危害胡麻的杂草种子和病虫害源也随之耕翻到上层,会影响胡麻正常生长发育。

3.适宜前茬

胡麻最佳前茬为豆类、紫花苜蓿、春小麦、大麦、玉米、豌豆等作物,而谷子、高粱茬则较差,对产量有影响。因为,种植小麦、大麦和玉米等作物时,施入较多的农家肥和化肥,收获后的土壤里剩余的残肥多,而豆科作物做前茬固氮,使得土壤氮含量提高,有利于胡麻生长。同时,玉米是中耕作物,锄草精细,下一年度田间杂草少(如果前茬玉米曾用过除草剂灭草,请重新选茬口)。春小麦收获时间稍早些,能及时耕地灭草,晒垡、蓄墒。农民把春小麦、玉米茬称为"软茬",而把谷子茬、高粱茬叫作"硬茬"。谷子等作物消耗土壤养分过大,杂草又多,下一年种植胡麻产量低。马铃薯和糖用甜菜均不能作为胡麻的前茬,这是因为种过马铃薯和糖用甜菜的土壤太疏松不利于胡麻出苗保苗,而且丝核菌病也会很严重。

4.合理轮作倒茬

各地要根据胡麻所在种植区作物种类、施肥、田间管理水平以及病虫害发生情况,安排好胡麻在当地轮作倒茬中的位置。胡麻一般应实行3年以上轮作,枯萎病已经发生的地块轮作应该在5年以上,那些枯萎病严重发生的地块则需要更长的轮作间隔。适宜的轮作方式是:秋作物—豆科作物—小麦(3~4年)—胡麻或豆科作物—小麦(3~4年)—秋作物—胡麻。

胡麻合理密植技术

胡麻植株矮小，茎秆纤细，株型紧凑，叶片较小，单株生产力低。如果播量太小，群体不够，不能获得高产。但是如果播量太大，导致水分、养分及光照不足，也不利于高产，同时，密度过大还容易引起倒伏。为了达到既有高产群体又能发挥个体更大的生产潜力，合理密植是关键。合理密植可以调节个体与群体的关系，使两者能够均衡协调发展，以便充分利用空间、光、热、水、土等资源，达到苗齐苗壮，单位面积的蒴果数、籽粒数最佳，从而获得高产。

千克，最终亩保苗 35 万 ~45 万株较为合理。

1. 旱地胡麻合理密度

我省中东部的兰州、白银、定西、平凉、庆阳、天水等地区及南部的临夏胡麻种植主要以旱作为主。由于降雨量少、十年九旱，加之春旱及春夏连旱严重，因此，胡麻种植密度不易过大，低海拔山旱地一般每亩播量 2.5~3.5 千克，保苗 15 万 ~20 万株；二阴地区由于海拔较高，蒸发量小，降雨量略高，因此可适当增加密度以获高产。一般二阴地每亩播量 3.5~4.0 千克，保苗 25 万 ~35 万株。

2. 水地胡麻合理密度

我省沿黄及河西灌区的胡麻种植，由于灌溉有保障，能满足胡麻不同阶段对水的需求，通过合理密植和管控，协调好群体与个体，地上与地下的关系，均能实现胡麻的高产、优质。一般我省灌区胡麻亩播量按 80 万株计算，亩播量为 4~6

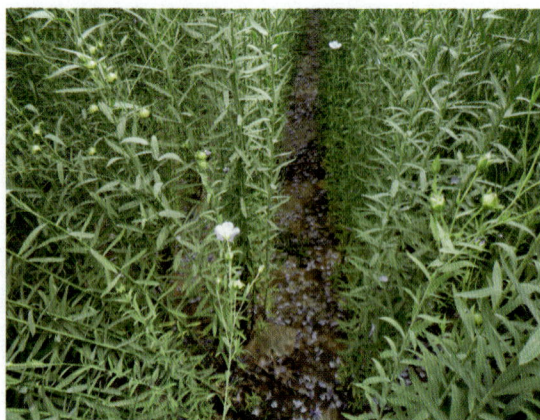

3. 地膜胡麻合理密度

近年来，随着全膜双垄沟播技术的推广，一膜两年用胡麻种植已成为旱作区一项胡麻栽培的新技术，胡麻产量大幅度提高。该项技术已在我省平凉、庆阳、定西、白银、兰州、天水等地大面积推广种植。该项技术的优点有：一是解决了春旱无法播种的问题；二是最大限度的保蓄了冬春降雨，减轻干旱威胁，促进早发、培育壮苗；三是显著的提高了胡麻产量，据测产，地膜胡麻较露地增产 30% 以上，干旱份增产幅度超过 60%，该项技术的推广使得我省旱作区胡麻亩产 150 千克成为了项实；四是实现了节本增效。由于地膜覆盖改善了土壤水分条件，因此，种植密度也因此而变化，但由于降雨时间及降雨量难以把握，密度较旱地胡麻不易增幅过大，一般密度增加 5 万株左右为宜，亩播量 3~3.5 千克，亩保苗一般 25 万 ~30 万株为宜。

胡麻高效施肥技术

俗话说"庄稼一枝花,全靠肥当家"。肥料是作物的食粮,肥足才苗壮。当土壤里的营养不能提供胡麻生长发育所需要时,我们进行施肥补充所需的营养成分,它是胡麻高产优质的重要措施。但施肥要讲科学,要以胡麻需肥特点和土壤供肥性能科学确定施肥量和施肥时期,才能达到节本、增效、环保、高产的目的。

1.胡麻的需肥特点

一般认为胡麻为耐瘠薄作物,主要是胡麻长期种植在瘠薄的土地上。实际上胡麻也是需肥较多的作物,单位产量胡麻籽形成所需氮、磷、钾素较禾本科作物多20%以上。因此,适宜追肥才能使胡麻增产。胡麻是相对需肥多但又不耐高氮的作物,胡麻对氮肥极为敏感,氮肥施用量不足,使其产量和质量降低,氮肥施用量过大,会使生育期延长,品质下降,同时容易受病菌感染,发生病害,造成减产。胡麻对磷的敏感度不强,需用量不大,但也不可或缺,特别是现蕾至开花期是磷的需求高峰期;胡麻对钾敏感,施用钾肥可以明显地提高胡麻产量和改善品质。胡麻需肥规律不仅与生长发育密切相关,而且不同生长时期比例不同,因此要分阶段进行施肥。

2.胡麻施肥技术

(1)基肥

胡麻生育期短,施肥以基肥为主,有机肥必须充分腐熟,羊粪是较为理想的有机肥料。一般每亩施农家肥 2000~3000 千克、尿素 10 千克、磷酸二铵 10~20 千克。农家肥最好在秋季结合翻地施入,使其充分分解为有效成分,供胡麻吸收利用;化肥最好在播前耕地时作基肥一次施入。

(2)种肥

对肥力差或基肥量不足的地块可增施种肥,一般以每亩 5 千克磷酸二铵拌种为宜。

(3)追肥

追肥一般进行 1~2 次,追肥数量按照土壤肥力、苗情好坏等具体情况而定。水地胡麻在苗高 15~20 厘米时结合浇头水进行第一次追肥,亩施尿素 5~10 千克;第二次追肥在现蕾前进行,最好在枞形末期为好,亩施尿素 2.5 千克。过晚追施氮肥,会引起贪青晚熟,甚至减产,过早追肥,容易引起幼苗生长过快,抗逆性差。在胡麻形成期以叶面喷施较好,一般亩用磷酸二氢钾 100~200 克,加尿素 250 克,兑水 20 千克喷施 1~2 次,可增产 10%左右。

灌溉地胡麻合理灌水技术

水分是作物得以生存最主要的因素之一。它是胡麻进行光合作用制造有机物的原料，也是向胡麻体内输送营养物质的媒介，水分会影响胡麻细胞本身一系列的化学反应。因此，水分条件对胡麻生长发育及产量高低和品质优劣都有直接影响。当降水不能满足胡麻生长所需水分时，人们用灌溉来补充自然降雨的不足，从而达到高产的目的，合理科学的灌溉不仅能最大限度地缓解作物干旱、增加作物产量，还能均衡合理利用有限的水资源。因此，胡麻灌水要按照当地降水情况，选择适宜时期及生长阶段进行科学灌溉。

1.胡麻需水规律

胡麻虽然耐旱、耐瘠薄，但本身是一种需水较多的作物，充足的水肥条件才能使其获得较高的产量，而且胡麻不同生育期需水差异大。胡麻需水规律是两头少，中间多。胡麻苗期苗小叶小，生长缓慢，但根系发育很快，此时温度较低，耗水量小，因此需水较少。现蕾后，进入营养生长和生殖生长并进的旺盛生长发育时期，这个阶段气温上升较快，对水分反应极为敏感，此期

对水分要求迫切。开花期由于进行生殖生长，耗水量大增，且植株蒸腾较大，对土壤水分的要求迫切。因此现蕾至开花期需水最多。籽实期是胡麻果实、种子发育和油分积累的时期，此期仍要求较多的土壤水分，而进入成熟期后则需水较少。

2.合理灌水

根据胡麻水分需求规律，生产上要依据墒情、适时灌水。胡麻生育期灌水的关键时期是现蕾前后两次水，灌水要做到"头水足，二水赶"，即枞形期（现蕾前）胡麻苗高 6~10 厘米时灌头水，头水要灌足，且头水要小水细灌，大水漫灌易造

成冲坏、冲倒胡麻苗，头水使胡麻进入快速生长期；现蕾到开花前灌二水，满足现蕾对水分的需要，以促进多分枝，多开花。胡麻生长后期可视天气情况，如干旱致使土壤出现龟裂，要进行灌溉补水，此时灌水要突出一个"少"字，既灌水量要少，特别是灌浆期灌水量是正常灌水量的 2/3 甚至 1/2。因为，此时进入 7 月，降雨量逐渐增加，浇水过多易延长花期，造成贪青晚熟，更会遇风倒伏，以免造成减产。

胡麻立体高效栽培技术

胡麻立体高效栽培能充分利用光、热、水资源，提高土地利用率、增加农民收入。其主要模式为胡麻套种向日葵或胡麻套种玉米，现将栽培技术要点介绍如下：

1.轮作倒茬

胡麻重茬易发生立枯病和炭疽病等，因此，胡麻应实行3年以上轮作。前茬选马铃薯、小麦、豆类、玉米等。

2.带幅模式

胡麻套种向日葵一般带幅是100~120厘米，60厘米种4行胡麻，40~60厘米种1行食

葵或2行油葵。胡麻套种玉米一般带幅是140厘米，其中100厘米种6行胡麻，40厘米种2行玉米。

3.良种选用

胡麻选用高抗枯萎病、兼抗白粉病、丰产性好、矮秆，早熟品种如陇亚10号和定亚22号等，玉米品种推荐选用适宜当地种植株型紧凑的

品种，如先玉335、吉祥1号、兴达1号、丰玉2号、五谷704等；向日葵选用食葵TY0409、SH363、TK3303等，油葵选择矮大头、KWS303等。播种前要对胡麻种子严格精选，剔除病粒，虫粒、小粒及其他混杂物，净度达到95%以上。玉米向日葵要选择正规企业生产的包衣种子。

4.适期播种

灌区胡麻适宜的播种期是3月下旬至4月上旬，玉米和向日葵一般在胡麻头水之前，4月下旬至5月上旬播种为宜。

5.合理密植

套种时胡麻亩下籽3.0~3.5千克，用4行或6行播种机等行条播，行距15厘米。玉米和向日葵人工按穴点籽播种，或用专用点播机播种。每个带幅中播2行，错位播种，玉米一般株距25~30厘米，每亩保苗3500株左右；食葵1行，一般株距30~35厘米，亩保苗1700~2000

株；油葵 2 行，株距 30~35 厘米，亩保苗 3500~4000 株。

6.播种深度

灌区胡麻适宜的播种深度一般掌握在 3.0~3.5 厘米之间为宜，玉米和向日葵播种深度一般以 5~6 厘米为宜。如果土壤黏重，墒情好时应适当浅播，一般 4~5 厘米；土壤质地疏松，易于干燥的沙质土壤应深播，可加深到 6~8 厘米。

7.施肥灌水

要实现两种作物都高产，应亩施优质有机农家肥 3000 千克，尿素 17~19 千克、过磷酸钙 30~55 千克。农家肥和磷肥作为基肥一次施入，氮肥多次施入。胡麻一般基肥亩施尿素 5~6 千克，追肥亩追施尿素 12~13 千克，其中在胡麻幼苗高 10 厘米左右时，随第一次灌水亩追尿素 8~9 千克，胡麻现蕾期后随第二次灌水亩追尿素 3~4 千克，以后根据田间长势情况和缺肥程度，可通过叶面喷施来补充所需养分，一般每亩用磷酸二氢钾 100~200 克加尿素 250 克，兑水 20 千克，进行叶面喷施，胡麻全生育期共喷施 1~2 次。玉米和向日葵一般亩追尿素 25~30 千克，分 3 次结合灌水施入。最好选择穴施追肥，追肥量为前重后轻，分攻秆肥、攻穗肥和攻粒肥。每次追肥量分别为追肥总量的 60%、30% 和 10%。追肥时期为拔节期，大喇叭口期和灌浆期。

8.中耕除草

胡麻第一次中耕在苗高 3~6 厘米时开始，第二次中耕在苗高 15~20 厘米时开始，锄土深度约 3~4 厘米左右，注意防止伤根。以后不再进行中耕作业，结合除杂去劣，手工拔除杂草即可。玉米和向日葵在幼苗长到 3~4 个叶片时一次定苗，定苗前和拔节前各进行 1 次，玉米大喇叭口期、向日葵开花前，结合施肥进行中耕培土。

9.病虫害防治

胡麻白粉病初发期一般在 6 月初，即胡麻盛花期，在发病前的 5 月下旬喷洒 15%粉锈宁可湿性粉剂 1000 倍 ~1500 倍液等进行防治，每 10~15 天喷 1 次，胡麻全生育期共防治 1 次或 2 次。胡麻枯萎病播种前用种子量 0.5%的 50%多菌灵拌种防治，发病期喷施 65%的杀毒矾 800 倍液防治，每隔 10 天喷施 1 次，胡麻全生育期共喷 2~3 次。胡麻害虫主要是潜叶蝇，玉米害虫主要是玉米螟，向日葵害虫主要是红蜘蛛等。胡麻潜叶蝇可在危害初期，喷洒 20%潜叶净乳剂 1000 倍液防治。玉米螟可在危害初期用 20%氰戊菊酯乳油 2500 倍液灌心或喷雾防治；红蜘蛛可在危害初期喷施 48%毒死蜱乳油 1000 倍液进行防治。

10.适时收获

胡麻植株的上部叶片变黄，下部叶片脱落，茎秆及 75%的蒴果变黄，个别蒴果变成褐色，种子变硬时即可收获；玉米一般当苞叶干枯松散、籽粒变硬发亮、乳线消失时即可进行收获；向日葵在叶片干枯，盘背变褐时即可收获。

全膜双垄沟播一膜两年用胡麻栽培技术

全膜双垄沟播一膜两年用胡麻栽培技术就是在全膜双垄沟播玉米收获后，不揭膜、不耕翻土地，来年春季在原地膜上穴播胡麻的栽培技术。该技术是一项集节本增效、集雨保墒、保护环境于一体的抗旱增产新技术，增产幅度大，经济效益显著。

1.保护地膜

前茬全膜玉米收获后要保护好地膜，冬季防止牲畜践踏，用细土将地膜破损处封住。也可将玉米秸秆与地膜走向垂直覆盖垄面，以保护地膜，减少蒸发，翌年播种前将秸秆运出地块，扫净残留茎叶。

2.品种选择

全膜双垄沟播一膜两年用胡麻栽培应选矮秆、抗旱、抗病、高产的品种陇亚 10 号、陇亚 11 号、定亚 22 号等。播前选择晴天晒种 3~4 天，以促进种子活力，增强吸水能力，提高出苗率。

3.适期早播

由于地膜长时间覆盖地表，春季地温回升较快，土壤解冻较早，所以可在 3 月中、下旬适时早播。一般用穴播机进行点播，在膜上穴播 6~8 行胡麻，穴行距 14~18 厘米，穴距 12~15 厘米，播深 4 厘米左右，每穴 7~9 粒，亩播量 3.0~3.5 千克。播后及时用土或农肥封口保墒，做到播深一致、下种均匀。

4.合理密植

一般亩保苗 25 万 ~30 万株，保证亩茎数在 30 万左右。

5.田间管理

（1）放苗

胡麻出苗后及时观察，如有压在地膜穴孔下不能出苗的要用铁丝钩掏苗放苗，保证苗齐，苗全。

（2）除草

对于杂草较重的地块，待苗高 10 厘米左右时进行除草。人工除草可用小铲锄去田间杂草；化学除草可用精喹禾灵(禾本科杂草)、二甲四氯

钠(阔叶类杂草)等除草剂防除，除草剂要严格按照产品说明的方法和用量使用，切忌过量。

（3）追肥

因地膜覆盖不能耕作施肥，所以在胡麻枞形期要结合降雨每亩追施硝铵 20~25 千克，现蕾期和初花期亩用磷酸二氢钾 100~200 克，加尿素 250 克，兑水 20 千克喷施 1~2 次。

（4）病虫害防治

胡麻主要虫害有金龟子、蚜虫、潜叶蝇、白粉虱、小菜蛾等，发生时喷洒 8%的毒死蜱乳油 1000 倍液或 10%吡虫啉可湿性粉剂 1500 倍液防治；病害主要有立枯病、炭疽病、萎蔫病等，发病期喷 65%的杀毒矾 800 倍~1000 倍液，每隔 10 天喷施 1 次，共喷 2~3 次，白粉病在发病初期喷 50%甲基托布津可湿性粉剂 1000 倍液防治。

6.适时收获

胡麻收获的适宜期为黄熟期，即当全田 75%的蒴果和茎秆变黄，下部叶片脱落，种子变硬时收获。收获过早，成熟不够，影响产量；收获过晚，蒴果易爆裂，造成落粒而减产。

胡麻主要病害防治技术

甘肃胡麻病害主要有枯萎病、白粉病、锈病、立枯病、炭疽病等，其中危害最重的是枯萎病。

1.主要症状

（1）枯萎病

苗期至成株期均可发病。苗期染病，幼茎萎蔫倒伏，叶片黄枯，茎发病呈灰褐或棕褐色，细缩内溢，基部腐烂萎凋倒伏而死，根部变为灰褐色，成株染病，病株矮小黄化，自顶端向下萎蔫，

胡麻枯萎病

根系破坏变褐，剖开病茎，维管束变褐，严重的全株萎蔫枯死，湿度大时茎部可见粉红色霉状物。

（2）炭疽病

幼苗受到侵染后，子叶出现褐色病斑，逐渐扩大为椭圆或圆形，带有轮纹；近地面茎部染病，初期出现褐色斑点，向内凹陷，严重时茎基皱缩，枯萎死亡；茎基部得病后往往使叶片自下向上变黄卷曲，与茎秆扭抱，最后落叶死亡。

（3）立枯病

幼苗受到侵染后，首先在根茎部产生褐色病斑，逐渐发黑腐烂干枯；叶呈淡黄绿色，植株萎缩，茎秆变褐色，最后枯死。

（4）锈病

主要危害叶片、茎、花及蒴果。多发生在开花期前后。植株上部叶片呈现鲜黄色至橙黄色凸起的夏孢子堆，圆形，后期在下部叶片上产生不规则形黑褐色冬孢子堆。茎、花、蒴果染病也可形成夏孢子堆和冬孢子堆。

（5）白粉病

主要危害叶片和茎秆。初期在叶、茎和花器

胡麻白粉病

表面产生零星的灰白色粉状斑，后期发病严重时，病叶上灰白色粉状物可扩展到整个叶片及全株。

2.防治措施

（1）选用高产抗病品种

选用抗病品种是防治胡麻枯萎病的根本措施，目前我省较抗病的品种有：陇亚13号、定亚24号等。请参考当地种子部门或农技部门推广的品种种植。

（2）实行严格的轮作倒茬

应尽量将小麦、莜麦、马铃薯安排为胡麻前茬，避免将谷子、米黍、荞麦安排为前茬。最好采用5年轮作制，其方法是：凡是种胡麻多的地区，每年胡麻种植面积一般应控制在总播种面积的20%左右，最多不超过25%，以便轮作倒茬。

（3）采用优质高产栽培技术

1）选地整地。胡麻种子比较细小，幼苗顶土力弱，因此需要精细整地。胡麻根系不耐涝，应选择雨后不涝、旱而不干、保肥力强、无杂草的地块。不适宜选择沼泽地、渍水地、沙性易旱地种植，保持土壤疏松平整。

2）秋季深耕蓄墒。前茬收获后，立即进行秋深耕，要求深度15~20厘米。凡前茬是夏熟早收作物的耕地，应抓紧时间进行伏深耕，以便接纳更多雨水供胡麻生长。

3）春季耙糖保墒。为防止蒸发跑墒，3月中旬碾压土地，待早春土壤表层解冻时顶凌耙糖。如果春季干旱无雨只耙糖不耕地，播种前有较大春雨时可结合浅耕耙糖保墒。

4）播前施足底肥，精选种子。旱地胡麻必须重施底肥，做到氮磷配合。保证施有机肥700~1000千克/亩，二铵5千克/亩、磷肥15千克/亩，采用集中沟施。将选好的种子晒1~2天，可促进发芽，2~3年应更换1次品种。

（4）化学药剂防治

1）播前药剂拌种。播前用种子重量0.2%的15%三唑酮可湿性粉剂（即50千克种子拌药100克），或种子重量0.3%~0.4%的50%多菌灵可湿性粉剂（即50千克种子拌药150~200克）或种子重量0.2%的40%福美双粉剂（即50千克种子拌药100克）拌种，均能起到很好的预防作用。

2）喷雾防治。发病初期用50%多菌灵可湿性粉剂600倍液（每亩85克）喷雾。发病中期，用65%的恶霜灵可湿性粉剂800倍~1000倍液（每亩50~65克），每隔10天喷施1次，共喷2~3次。针对具体病害如：炭疽病可用多·福可湿性粉剂或甲基硫菌灵悬浮剂、可湿性粉剂等防治；枯萎病可用恶霜灵可湿性粉剂防治；立枯病、白粉病用甲基硫菌灵可湿性粉剂、代森锰锌可湿性粉剂防治；锈病可用三唑酮乳油或可湿性粉剂防治。

胡麻主要虫害防治技术

常见的胡麻害虫主要有胡麻漏油虫、蚜虫、黑绒金龟甲、盲蝽及胡麻象鼻虫等。

1.危害及习性

胡麻漏油虫每年发生 1 代，以老熟幼虫越冬，成虫白天在胡麻植株下部或地面静伏不动，傍晚、清晨、阴天活动，飞翔力弱，6~7 月化蛹羽化，幼虫孵化后爬到植株上，从刚谢花朔果中部或萼片基部蛀小孔钻进危害，取食种子；蚜虫每年多代发生，以春季危害为主，吸食茎叶汁液；黑绒金龟甲每年发生 1 代，老熟幼虫在地下筑土室化蛹，以成虫在原土室内越冬，翌春 4 月中旬出土活动，具"雨后出土"习性，4 月末至 6 月上旬为活动盛期，成虫飞翔力强，主要咬食发芽至刚出土期的胡麻幼苗，造成缺苗断垄；胡麻象鼻虫幼虫成虫均可危害，造成缺刻；盲蝽主要有苜蓿盲蝽和牧草盲蝽两种，若虫或成虫一般十几头或几十头聚在一株植物上取食，喜食幼苗、花蕾、花器等幼嫩组织，活动高峰在每天的早晨和傍晚，中午气温高时多在植物叶片背面、土块或枯枝落叶下潜伏，以卵在枯枝落叶内越冬。

2.防治方法

（1）农业防治

前茬收获后及时深耕晒垡，整地时仔细耙糖镇压，减少虫源；根据成虫趋光性，安置黑光灯或在无风闷热的傍晚用火堆诱杀成虫；合理轮作倒茬，适期早播；人工捕杀黑绒金龟甲；施用充分腐

胡麻漏油虫

牧草盲蝽

熟的农家肥,严禁生粪直接施入地块;彻底铲除田间杂草,带出田间集中处理。

(2)化学防治

播前土壤处理：亩用 2.5% 敌百虫粉剂 1.5 千克与细土 30 千克混匀,于播前处理土壤。也可每亩撒施 3% 辛硫磷颗粒剂或 3% 毒死蜱颗粒剂 5 千克。

苜蓿盲蝽

喷雾防治:胡麻现蕾开花期,选用 40% 毒死蜱乳油或 4.5% 高效氯氰菊酯乳油 2000 倍~2500 倍液(每亩 20~25 毫升),或 10% 吡虫啉可湿性粉剂 1500 倍~2000 倍液(每亩 25~30 克),或 3% 啶虫脒乳油 1500 倍~2000 倍液(每亩 25~30 克),或 90% 晶体敌百虫 800 倍液(每亩 65 克),或 20% 氰戊菊酯乳油 2000 倍液(每亩 25 毫升),或 1.8% 阿维菌素乳油 1000 倍液(每亩 50 毫升)等防治胡麻各种害虫。

棉花优良品种介绍

1.酒棉 10 号

（1）特征特性

属早熟品种，生育期 134 天，霜前花比率92.3%。植株茎秆紫红，有茸毛，株高 60 厘米左右；株形紧凑，筒形，果枝Ⅰ式，果枝层数 7.7 层。叶色深绿，叶背有茸毛。铃呈卵圆形有尖，多 4～5 室，单株结铃 7.5 个，单铃重 5.4 克，衣分41.7%，纤维长度 28.8 毫米，铃壳薄，吐丝畅而集中，棉絮洁白，易摘拾。属抗枯萎病、耐黄萎病品种。

（2）产量表现

2004—2005 年在甘肃省棉花新品种区域试验中，两年 8 点次平均亩产皮棉 136.3 千克，比对照品种酒棉 1 号增产 21.0%。

（3）适宜区域

适宜敦煌、瓜州、金塔、玉门、民勤等河西走廊棉区及生态条件相类似的棉区种植。

2.新陆早 42 号

（1）特征特性

属早熟品种。生育期 123 天，霜前花率95.8%，早熟性好。植株塔形，Ⅰ～Ⅱ式果枝；株型紧凑，通透性好；结铃性强，吐絮畅，易摘拾；单铃重 5.3 克，衣分 41.97%，纤维长度 29.57 毫米。属抗枯萎病品种。

（2）产量表现

2007—2008 年在新疆棉花品种早熟组区域试验中，平均籽棉亩产 346.0 千克，比对照品种新陆早 13 号增产 6.8%；平均皮棉亩产146.4 千克，比对照品种增产 10.1%；平均霜前皮棉亩产 142.2 千克，比为对照品种增产9.3%。

(3)适宜区域

适宜在新疆早熟棉区和甘肃省敦煌、瓜州、金塔等植棉县种植。

3.新陆早 48 号

（1）特征特性

属早熟品种,生育期 125 天。植株茎秆粗壮坚硬,Ⅰ式果枝,株形筒形,株高 70.7 厘米,叶片中等大小,叶色深绿。铃卵圆形,单株结铃 6.2 个,单铃重 5.8 克,衣分 40.5%,纤维长度 28.8 毫米。全生育期生长势较强,不早衰,叶枝少,无赘芽。通透性好,结铃性好,吐絮畅快、絮色洁白,含絮好、易采摘。抗枯萎病,耐黄萎病,不抗棉铃虫。

（2）产量表现

2008—2009 年在西北内陆棉区早熟品种区域试验中,两年平均籽棉、皮棉亩产分别为 376.5 千克、152.5 千克,分别比对照品种新陆早 13 号增产 8.9%、14.4%。

（3）适宜区域

适宜在新疆早熟棉区和甘肃省河西走廊早

熟棉区种植。黄萎病重病地不宜种植。

4.金垦 108 号

（1）特征特性

属中早熟品种,生育期 147 天,霜前花率 78.4%。株形紧凑、呈塔形;株高 69.8 厘米,果枝Ⅰ~Ⅱ式,果枝 8.2 层。叶片呈掌状五裂、深绿色。单株结铃 7.3 个,铃呈卵圆形,多 4 室,单铃重 5.0 克,棉絮洁白。衣分 43.0%,纤维长度 28.82 毫米。抗黄萎病。

（2）产量表现

在 2011—2012 年甘肃省棉花品种区域试验中,平均亩产籽棉 334.4 千克、皮棉 144.9 千克,分别比对照酒棉 8 号增产 2.9%、10.9%。2012 年生产试验中,平均亩产籽棉、皮棉依次为 315.5 千克和 137.1 千克,分别比对照增产 1.4%、9.8%。

（3）适宜区域

适宜在我省敦煌、瓜州、金塔等地种植。

棉花种子包衣技术

1.种子要求

　　购买含水量 12% 以下、发芽率必须达到 80% 以上（采用精量播种的必须达到 95% 以上）、健子率达到 80% 以上、破碎率 1.5% 以下的合格棉种，以保证苗齐、苗壮、早发。

2.晒种

　　包衣前，先将种子摊在干燥的土地上晒种 2~3 天，并清除瘪小、破碎、色红的种子及杂物。

3.种子处理

　　在播前两周内，每 40 千克棉种用锦华种衣剂 1 千克（1 瓶）兑水 0.5 千克，或每 50 千克棉种用卫福种衣剂 200 毫升均匀搅拌包衣，在阴

图2　人工包衣

凉处阴干待播。

4.注意事项

　　包衣前晒种，包衣后晾种，严禁摊放在水泥地上。包衣后晾种，严禁摊放在阳光下暴晒。

图1　种衣剂

图3　包衣后晾晒

棉花间作套种技术

1.棉花等行距间作

在覆膜、播种时,棉花的行距为等行距,一膜播种 4 行或 5 行棉花。棉花播种后,在两膜之间行距中播种 1 行矮秆、早熟、耐旱作物,主要有芝麻、花生、胡麻、豌豆、大豆(黄豆)、绿豆、刀豆、豇豆、辣椒等作物。这种模式适合于中低肥力水平的棉田。

2.棉花宽窄行间作

在覆膜、播种时,棉花的行距为宽窄行,一膜播种 4 行棉花, 膜上两边的边行和第二行的行距为 30～35 厘米,中间两行行距为 50～60 厘米。棉花播种后,在两膜之间行距中播种 1 行矮秆、早熟、耐旱作物,主要有花生、豌豆、大豆(黄豆)、绿豆、刀豆、豇豆、辣椒等作物。同时在膜上宽行中,每隔 1～2 膜点播 1 行矮秆、早熟糯玉米,或甜玉米等特种玉米。

图 1　棉花间作胡麻

棉花机播机收技术

1. 适期早播

4 月中下旬，当露地条件下 5 厘米地温稳定达到 12℃以上时，即可覆膜播种，或当地"梨花含苞"时播种较为适宜。

2. 播种量

提倡采用精量播种，每亩播种量 2~3 千克，保证每穴下种 1~2 粒。常规播种的每亩播种量 5~7 千克，保证每穴下种 3~5 粒。

3. 播种方法

（1）常规机械播种

采用幅宽 145 厘米的地膜，株行距配置：高、中肥力地块一膜播种 4 行棉花，行距配置为（30—50—30）厘米，膜间距 40 厘米，株距 12~15 厘米，每亩穴数 1.1 万~1.4 万穴，中低肥力地块一膜播种 5 行棉花，等行距种植，株距 12~15 厘米，每亩穴数 1.4 万~1.7 万穴。播种深度 2~3 厘米，覆土 1 厘米。

图 1　常规播种作业

图 2　常规播种出苗情况

（2）精量机械播种

采用幅宽 145 厘米的地膜，株行距配置：高中肥力地块一膜播种 4 行棉花，等行距种植株距 12 厘米，每穴下种数 2 粒。

（3）机采棉模式播种

采用幅宽 200 厘米的地膜，一膜播种 6 行棉花，单膜行距（10—66—10—66—10）厘米。株距配置：高中肥力地块株距 9.5～13.5 厘米，中低肥力地块株距 7.5～11.5 厘米。接行行距应控制在 66±2 厘米。

图 3　机采棉播种作业

图 4　机采棉现场会

棉花蚜虫发生与防治技术

1.症状

棉蚜危害后，叶片向背面卷缩，叶表有蚜虫排泄的蜜露（油腻），并往往滋生真菌。棉花受害后植株矮小、叶片变小、叶数减少、根系缩短、现蕾推迟、蕾铃数减少、吐絮延迟。

2.防治措施

（1）生物防治

1）合理安排作物布局。实行麦棉邻作、间作套种，如棉花豆类、绿肥等间作。在棉田四周种植1~2行油菜、苜蓿等诱集作物，可以增加天敌的种类和数量，有效控制蚜虫危害。

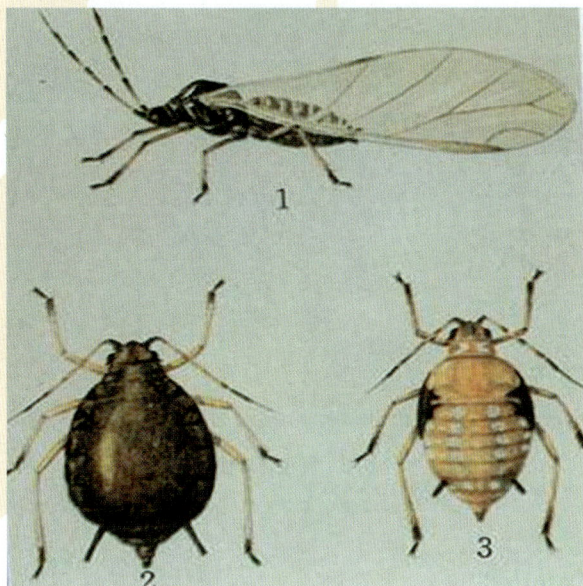

图2　棉花蚜虫害状

2）及早诱杀。开春阶段，可对温室大棚、居民区摆放黄色诱蚜板，防止棉蚜外迁。6月初，在棉田四周摆放黄色诱蚜板，可有效防止棉蚜向棉田迁飞，在一定程度上，减轻了棉蚜发生量。

3）人工助迁天敌。在棉蚜点片发生时，及时把田埂上、麦地、苜蓿地的瓢虫、草蛉幼虫等天敌迁到棉田。

（2）化学防治

1）消灭蚜源。室内花卉和温室大棚是棉蚜的主要越冬场所。室内花卉可在花盆内埋施内吸性颗粒剂农药防治；温室大棚可在揭棚前，根据虫情，采用敌敌畏或其他烟雾杀虫剂进行熏蒸，可有效降低越冬虫源和数量。

图1　棉蚜

图3 被害叶背面

2)点片防治。当棉田出现零星虫株时，可采用手抹、拔除中心虫株等人工防治方法；当点片发生时，用1份氧化乐果，或久效磷加水（或冷面汤）8～10份，涂于棉株茎秆红绿交接处一侧，药斑长2～4厘米。操作中注意：不能环涂，

防止药液滴在花蕾上。

3)喷雾防治。当棉田发生蚜虫、天敌不能控制蚜虫、卷叶率达30%以上时，可采用药剂喷雾防治。可选用10%吡虫啉可湿性粉剂＋新高脂膜800倍液，或15%金好年乳油＋新高脂膜800倍液进行茎叶均匀喷雾。6—7月份温度高时，可选用3%啶虫脒乳油2000倍加40%毒死蜱1200倍＋新高脂膜800倍液喷雾，可兼治其他害虫。

4)毒沙熏蒸。当蚜虫严重发生，特别是棉花生长后期、棉田郁闭，用其他方法不能达到很好的防治效果时，可采用敌敌畏毒沙进行熏蒸防治。每亩用80%敌敌畏乳油100～150克（毫升）兑水1～2千克，均匀地拌在30～50千克细沙上，于下午撒入棉田，并及时用树枝扫落棉叶上的药沙。

图4 棉花间作大豆

图5 黄色诱蚜板

棉叶螨(红蜘蛛)发生与防治技术

1.症状

棉叶受害初期叶正面出现红色或黄白色斑点,危害严重时斑点加密、面积扩大,叶片开始出现红褐色斑块,随着危害加重,棉叶和蕾铃大量脱落,受害严重的,棉株矮小,叶片稀少甚至光秆,棉铃明显减少,棉株枯死。

2.防治措施

(1)清除杂草,秋耕冬灌

棉花收获后,及时将枯枝落叶集中烧毁,晚秋早春铲除田埂、沟旁、路边和田间杂草,进行秋耕冬灌。

(2)保护天敌

棉叶螨的天敌较多,有食螨瓢虫、食螨蓟马、食螨蜘蛛、草蛉幼虫等,在防治上应保护天敌,以达到以虫治虫的目的。

(3)铲除螨源

棉田附近杂草是最大的螨源,控制这些螨源迁移到棉田危害,这是防治棉花叶螨最有效、最

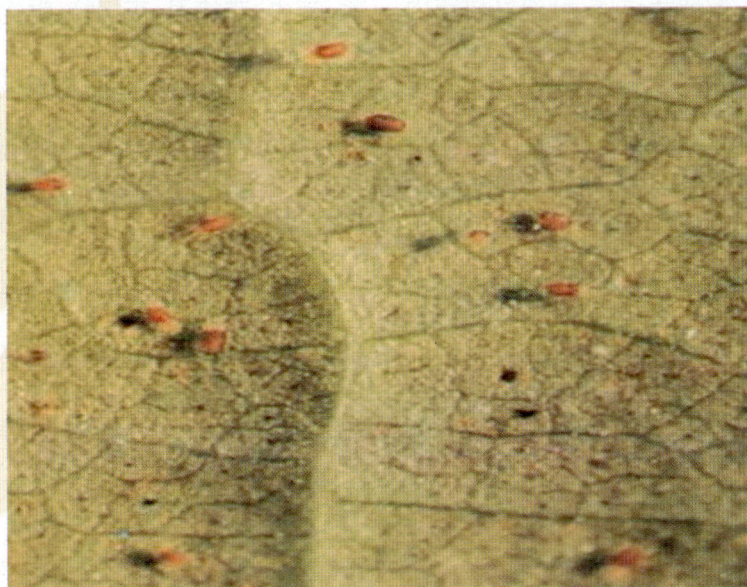

图1 棉叶螨(红蜘蛛)

图2 棉叶螨(红蜘蛛)害状

关键的措施。在棉苗出土前后,应及时铲除田边、路头、沟渠、井台、坟头等处的杂草,或采用高浓度杀虫、杀螨剂喷雾处理。另外,铲除的杂草一定要集中密封堆沤,或深埋或烧掉,杜绝叶螨再次向棉田迁移。

（4）药液涂茎

当棉叶螨点片发生时,可结合蚜虫的防治,用40%氧化乐果,或50%久效磷等内吸性杀虫剂1份,加水或面汤8～10份,涂在棉株茎秆红绿交接处的一侧,药斑长2～4厘米。注意不能环涂,并防止药液滴在花蕾上。

（5）喷雾防治

棉叶螨普遍发生的棉田,选用25%克螨灵（阿维菌素）1500倍～3000倍液、73%克螨特（丙炔螨特）2000倍液,20%哒螨灵2000倍～3000倍液,15%扫螨净2500倍液等进行喷雾。其中,克螨灵、克螨特、哒螨灵对棉叶螨成虫、若虫均具有优良的杀灭效果,见效快,残效期长,对天敌安全,可作为防治棉叶螨首选药剂。喷药时,一定要喷头朝上,将药液喷到叶片背面,并均匀喷透;要避开炎热中午,选择在早晨露水干后,或者傍晚露水没来时进行防治,可增强药效,提高杀螨效果。当叶螨与蚜虫等混合发生,轻微危害时,选用克螨灵等兼性杀虫杀螨剂,叶螨发生严重时,要用克螨特、哒螨灵等专性杀螨剂加杀虫剂配合使用。

棉铃虫发生与防治技术

1.症状

棉铃虫是棉花蕾铃期危害最严重的虫害之一。成虫白天隐藏在棉叶背等处，黄昏开始活动，取食花蜜，有趋光性。成虫喜欢将卵散产于生长茂盛、花蕾多的棉株上部嫩头、顶心、嫩叶、嫩蕾铃苞叶上。幼虫主要危害嫩茎、叶片、蕾、花和棉铃，多从蕾、花、铃基部蛀入，在内取食，并能转移危害。初龄幼虫取食嫩叶，受害叶片出现孔洞和缺刻。2龄主要蛀食幼蕾，受害幼蕾花蕊被食，苞叶张开、变黄，2~3天干枯脱落。3龄以上幼虫主要为害蕾、花和青铃，取食柱头和雄蕊，使其不能授粉、结铃，青铃被蛀后形成孔洞诱发病菌侵害，造成污染烂铃，导致落蕾、落花、落铃。5~6龄进入暴食期。每头棉铃虫幼虫一生可为害棉花蕾、花、铃多达20多个，发生严重的棉田可导致蕾铃脱落率高达50%以上，籽棉仅几十千克，对棉

图2　棉铃被害状

花产量影响很大。

2.防治措施

（1）秋耕冬灌、春翻灭蛹

在秋季作物收获后进行深耕（深度不少于25厘米），并在封冻前进行秋耕冬灌，破坏了蛹室，把越冬蛹翻入深层，可大幅度降低越冬蛹的存活率，早春3~4月铲除田埂及田内虫蛹，减少棉铃虫越冬虫源。

（2）种植玉米诱集带

图1　棉铃虫成虫

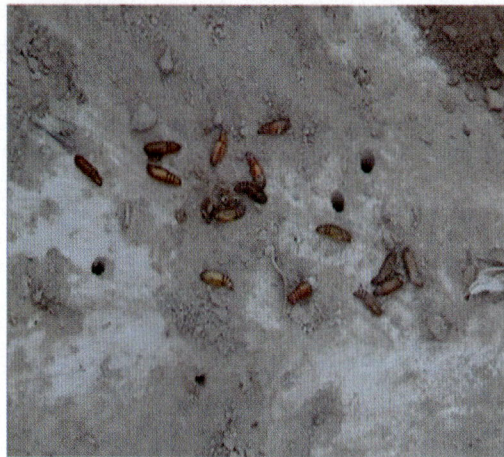

图3 春翻灭蛹

图4 玉米诱集带

在棉田地埂四周种植早熟玉米或中熟玉米作为诱集带。同时，采取以下防治措施：一是人工捕捉玉米上的幼虫，并在一代成虫发蛾高峰期拍打心叶消灭成虫；二是在二代棉铃虫卵孵化盛期对诱集带玉米进行统一防治，每5天左右喷1次药，共防治3~5次，注意交替用药；三是在二代棉铃虫卵孵化高峰期后，首先剪除玉米雌穗花丝及苞叶顶尖部分并带出田外烧毁，然后集中砍除玉米秆处理后做青贮饲料。

（3）杨树枝把诱杀害虫

利用棉铃虫成虫对杨树叶的趋性，取两年生杨树带叶枝条10~15根，上紧下松捆成一束呈伞形把，一般先阴置1~2天后使用效果最好，使用时每天傍晚将枝把倒插入棉田，每亩8~10把，要高出棉株20~30厘米，每天清晨及时收把灭蛾，收回杨树枝把要洒水保湿，当枝条落叶1/3以上时要及时更换。

（4）灯光诱杀

利用棉铃虫的趋性在棉田安装频振式杀虫灯，灯距为200~250米，每60~70亩一盏，注意安装在视野空阔的地方，高度2~2.5米，从4月下旬开始诱捕越冬代成虫，每晚按时开灯，清晨关灯并及时消灭所诱集的成虫。

（5）喷雾防治

选用30%久威乳油1500倍液、20%虫扫净乳1000倍液、35%赛丹乳油500倍液、35%凯威168乳油1500倍液等，注意合理交替轮换用药。另外注意喷药时间，根据棉铃虫的活动习性，以上午10:00以前，下午6:00以后用药为宜。

图5 灯光诱杀

棉花平衡施肥技术

1.缺肥症状

（1）缺氮症状

植株矮小,叶色淡,呈浅绿或黄绿,叶片变黄从下部叶到上部叶,株型瘦小、茎秆细瘦,籽棉品质低。

（2）缺磷症状

棉花缺磷叶色暗绿,蕾、铃易脱落,严重时下部叶片出现紫红色斑块,棉铃开裂,吐絮不良。

（3）缺钾症状

棉花缺钾在 5～6 叶显现,黄斑花叶,叶缘反卷发展为叶缘焦枯坏死,呈残破缺刻状,落叶早。蕾期棉田长势弱、棉铃萎缩,成熟推迟。磷、钾肥可促进棉株生殖生长,有利早发早熟,增强抗逆力,并提高种子饱满度及纤维品质。

棉花缺磷

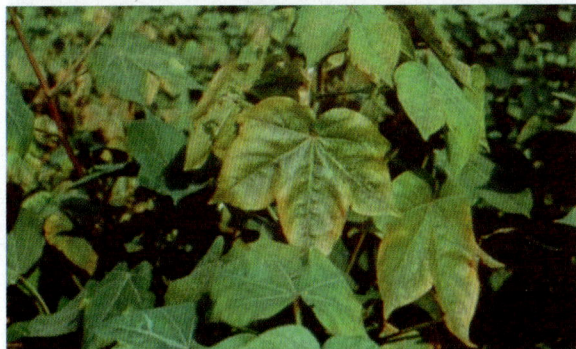

棉花缺钾

（4）缺镁症状

棉花缺镁时老叶叶脉间失绿, 网状脉纹清晰,以后出现紫色斑块甚至全叶变红,叶脉保持绿色,呈红叶绿脉状,下部叶脱落早。

（5）棉花缺锌

从第一片真叶开始出现症状, 叶片脉间失绿,边缘向上卷曲,茎伸长受抑,节间缩短,植株呈丛生状,生育期推迟。

（6）棉花缺硼

植株矮化、蕾铃裂碎,花蕾易脱落,蕾而不

棉花缺氮

棉花缺镁

棉花缺锌

棉花缺硼

花,老叶厚叶脉突起,新叶小淡绿,皱缩向下卷曲,霜冻叶仍绿,叶柄出现水渍状环带。

2.施肥措施

（1）平衡施肥和施足底肥

一般在每亩施农家肥 3000～5000 千克,或油渣 100 千克的基础上,化肥总施用量为尿素 33～40 千克,磷二铵 16～25 千克,硫酸钾 6～10 千克。结合深耕灭茬将农家肥或油渣施入土壤。春季最后一次耕地时将尿素每亩 13～15 千克和全部磷二铵、硫酸钾混合深施做底肥,镇压保墒后间隔 3～4 天播种棉花。

（2）追肥

棉花前期苗弱,以促为主,中后期以控为主。追肥要重施花铃肥,一般在初花期效果最佳,结合灌水追肥 3 次,头水时每亩追施尿素 8～10 千克,二水时每亩追施尿素 5～10 千克,三水时每亩追施尿素 5～8 千克。

（3）叶面肥

可选用尿素、磷酸二氢钾及含微量元素的叶面肥。现蕾期,每亩喷施磷酸二氢钾 100 克;开花期,每亩喷施尿素、磷酸二氢钾各 150 克,硼肥 300 克,可保花促果,增铃重;结铃期,每亩喷施尿素、磷酸二氢钾各 200 克,喷施 1～2 次,间隔 15 天左右。

棉花膜下滴灌技术

1.技术措施

（1）采用一膜双管四行节水技术

选用幅宽 145 厘米的地膜，一膜下铺设两根毛管，两条滴灌管带置于窄行中间，毛孔向上，即流道朝上，每膜种植 4 行棉花。宽窄行种植，行距（30—50—30）厘米，株距 18 厘米（毛管铺设在两个窄行中间），膜间距 35 厘米，播种、铺管、覆膜一次完成，每穴留 1~2 株。

（2）适时灌水

全生育期滴水 10~12 次，总滴水量 250~280 立方米。开灌时间不能太迟，以 6 月上旬为宜，从棉花现蕾初期到开花共滴水 3 次，滴水间隔 8~10 天，每次滴水量 20 立方米左右；在棉花花铃期共滴水 8~9 次、每次灌水量 20~25 立方米，滴水间隔 5~7 天；在棉花吐絮初期灌最后一个水。在灌水过程中，第一次滴水要充足，要使地表土层渗透均匀，在地面不能有汪水和流动水出现的前提下进行滴水，在棉花花铃期要适当缩短滴水间隔，增加滴水量，经常保持田间湿润。

（3）合理追肥

膜下滴灌追肥均采用随水滴施方式，化肥通过滴灌系统直接进入棉花根区，实现水肥同步，并按棉花生长发育各阶段对养分需要，进行养分

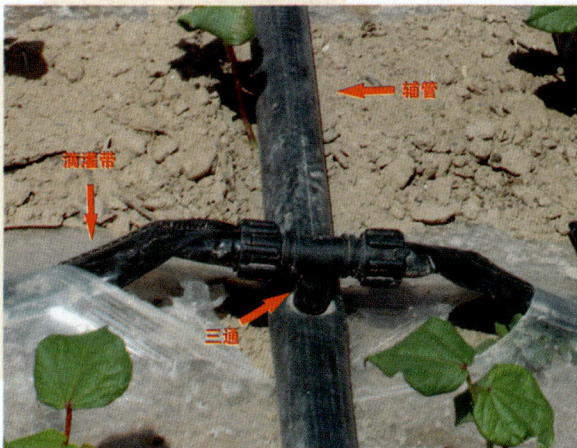

图 1　棉花膜下滴灌技术

图2 滴灌棉田(苗期)

的合理供应,达到高效利用的目的。随水追肥时间从6月中下旬开始到7月下旬结束,全生育期共追肥6~7次,施尿素追20~25千克,具体追肥种类以尿素和磷酸二氢钾为主。

(4)膜下滴灌棉田追肥与灌水同步进行

自6月中旬开始,每次间隔10~15天,在滴第2、3、4、5水时,每亩每次分别随水滴施尿素2、3、3、4千克,滴施磷酸二氢钾1~1.5千克。

(5)收管收膜

最后一次灌水后,要及时收回支管、毛管、地膜,收回后的支管和毛管要盘好,堆放整齐,洒上水,用塑料薄膜或杂草盖好,备来年再用。

棉花化学调控技术

1.第 1 次化控

在棉花苗期 3 ~ 4 片真叶时进行，每亩用缩节胺 0.5 克轻控 1 次。

2.第 2 次化控

在棉花现蕾期进行，每亩用缩节胺 1 ~ 1.5 克。

3.第 3 次化控

在棉花花铃期进行，每亩用缩节胺 3 ~ 5 克。

4.第 4 次化控

在棉花打顶后进行，每亩用缩节胺 5 ~ 8 克。

注:每亩(次)兑水 30 千克喷雾,棉花株高控制在 70 ~ 80 厘米。

图 2:喷施药剂

5.吐絮期

棉花进入叶絮期后,根、叶片功能衰退,对棉花要求是早熟、防贪青晚熟。晚熟不能正常吐絮的棉田,所采用的化调技术是喷乙稀利,能促进棉花提集中吐絮,增加霜前花,提高品级,增加产量和效益。喷乙稀利要求桃龄 45 天以上,在初霜来临前 15~20 天喷药最为适宜。每亩用量为 100 ~ 150 克,在晴天的中午或下午,均匀地喷洒到棉株上部即可。晚熟严重的地块可加大用量,但最多每亩不宜超过 250 克。

图 1:药剂(缩节胺)

图 3　药剂(乙烯利)

测土配方施肥挂图

高效农田节水挂图

测土配方施肥技术简介

测土配方施肥就是根据耕地肥瘦、庄稼需要、肥料好坏，科学合理地提供作物从种到收一生中对"粮食"需求，做到既吃饱又不浪费，同时补充作物收获后从耕地中带走地的养分数量，保证连续种植耕地不"减肥"的一种施肥技术。也就是通常说的"缺什么补什么、吃饱不浪费"的施肥技术。

核心技术可概况为"12345"要诀，即坚决贯彻一个原则，有机肥与化肥配合施用原则；切实做到两个平衡，氮磷钾之间及大量与微量元素之间的平衡；灵活掌握三种施肥方式，基肥、种肥和追肥；深刻领会四个施肥理论，养分归还学说、最小养分律、报酬递减率、因子综合作用律；全面评价五项指标，高产指标、优质指标、高效指标、环保指标、改土指标。

基本原理为木桶原理（最小限制因子率），即作物需要多种营养元素，以作物所需要的某一种

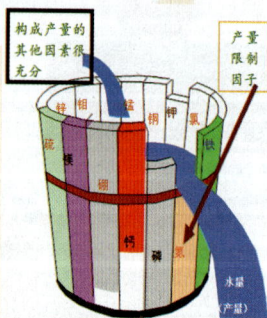

元素的总量为 100% 做一个木条，用所有这些元素的木条围成一个木桶。如果各种元素都满足，就可装一满桶水（粮食产量），如果某一元素缺乏，该木条就降低，水就从桶的缺口处流出，产量就降低，其他木条高（其他元素满足）也无济于事。

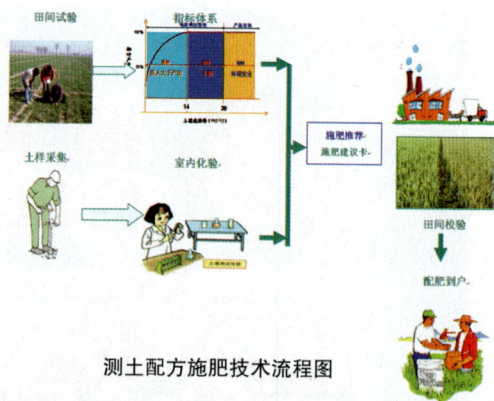

测土配方施肥技术流程图

技术路线包括以下 11 项工作：

1.野外调查

通过广泛深入的野外调查和取样地地块农户调查，掌握耕地立地条件、土壤理化性状与施肥管理水平。

2.土壤测试

测土是制定肥料配方的重要依据，按照农业部《测土配方施肥技术规范（试行）》要求，在全县范围内统筹规划，合理布点，项目县平均每 100~200 亩左右耕地采集 1 个土样（各地根据实际情况进行相应调整，丘陵山区 30~80 亩、平原区 100~500 亩采集 1 个土样）。对采集土壤样品进行分析化验，并根据需要开展植株、水样分析，为制定配方和田间校正试验提供基础数据。另外，选择有代表性的采样点，对测土配方施肥效果进行跟踪调查。

3.田间试验

按农业部《测土配方施肥技术规范（试行）》

要求,布置田间"3414"试验和校正试验,摸清土壤养分校正系数、土壤供肥量、农作物需肥规律和肥料利用率等基本参数,对比测土配方施肥效果,验证和优化肥料配方。通过开展田间试验,建立不同施肥区主要作物的氮磷钾肥料效应模型,确定作物合理施肥品种和数量,基肥、追肥分配比例,最佳施肥时期和施肥方法,建立施肥指标体系,为配方设计施肥建议卡制定及施肥指导提供依据。

4.配方设计

组织有关专家,汇总分析土壤测试和田间试验数据结果,根据气候条件、土壤类型、作物品种、产量水平、耕作制度等差异性,合理划分施肥类型区。审核测土配方施肥参数,建立施肥模型,分区域、分作物制定肥料配方和施肥建议卡。

5.配肥加工

依据配方,以各种单质或复混肥料为原料生产或配制配方肥。农民按照施肥建议卡所需肥料品种科学施用;招标认定肥料企业按配方加工生产配方肥,建立肥料营销网络,向农民供应配方肥,农技部门指导施用。同时,要结合各县实际,进一步扩大配方肥应用面积。

6.示范推广

建立测土配方施肥示范区,树立样板,展示测土配方施肥技术效果,引导农民应用测土配方施肥技术。

7.宣传培训

开展对各级土肥部门、肥料生产企业和经销商等有关技术人员的培训,提高技术服务能力。采取广播、电视、报刊、明白纸、现场会、讲师团等形式,将测土配方施肥技术宣传到村、培训到户、指导到田,普及科学施肥技术知识,使广大农民逐步掌握合理施肥量、施肥时期和施肥方法,并加强配方肥质量监督管理。

8.数据库建设

运用计算机技术、地理信息系统(GIS)和全球定位系统(GPS),按照规范化的测土配方施肥数据字典,以野外调查、农户施肥状况调查、田间试验和分析化验数据为基础,收集整理历年土壤肥料田间试验和土壤监测数据资料,建立不同层次、不同区域的测土配方施肥数据库。

9.耕地地力评价

充分利用测土配方施肥项目的野外调查和分析化验数据,结合第二次土壤普查、土地利用现状调查等成果资料,完成图件数字化、评价指标体系建立、地力等级评价、成果图编制等工作,构建耕地资源管理信息系统,对县域内耕地地力进行评价,并将评价结果汇总成册编辑出版,形成公共资源,便于广大农民和相关单位查阅应用。

10.效果评价

通过对项目县施肥效益和土壤肥力进行动态监测,并及时获得农民反馈的信息,对测土配方施肥的实际效果进行评价,从而不断完善管理体系、技术体系和服务体系。同时,对农户施肥情况长期观测点记录数据进行汇总,每个季度上报一次。

11.技术研发

重点开展田间试验、土壤养分测试、肥料配方、数据处理、专家咨询系统等方面的技术研发工作,不断提升测土配方施肥技术水平。

灌区土壤综合培肥技术

我省河西和沿黄灌区,土层瘠薄,且盐碱危害较重,土壤培肥主要以改良盐碱地、增加耕作层厚度、提高土壤有机质含量为主,应主要采取以下几项措施进行土壤培肥。

1.盐碱地改良

每亩施用磷石膏在 200~400 千克,或者施用土壤调理剂,土壤调理剂按说明书使用,一般只选一种调理剂;也可选择秸秆还田或种植耐盐

秸秆粉碎还田

施用土壤调理剂

秸秆堆沤还田

碱较强且经济效益较高的作物。具体改良技术详见"盐碱地综合改良技术"一节。

2.深松耕

在秋天作物收获灌水后,利用机械进行深松耕,深度在 30 厘米以上。具有加厚耕层、熟化土壤、改善土壤的水、气热状况和养分条件、消除杂草和病虫害、提高产量的作用。深松耕可结合秸秆还田一次性进行。

深松耕

3.秸秆还田

灌区应重点采取小麦秸秆直接还田、小麦高茬收割深翻还田、玉米秸秆粉碎腐熟还田、堆沤腐熟还田、过腹还田等技术模式,技术方法详见《秸秆还田技术》一节。

4.增施有机肥

一般情况下,亩施用农家肥 2000~3000 千克或者商品有机肥 50~100 千克,在春耕前做基肥施用。施用农家肥一定要充分腐熟,避免因进一步腐熟而失墒。

5.绿肥翻压还田技术

河西及沿黄灌区在麦类作物收获到入冬前有 2~3 个月的空闲期,利用这个空闲期可以发展麦田套(复)种短期绿肥、玉米间作短期绿肥,并实施翻压还田,既能培肥地力,又能起到轮作倒茬的效果。

施用商品有机肥

复种箭筈豌豆

积造施用农家肥

复种毛勺子

旱作区土壤综合培肥技术

我省是典型的旱作农业省份,作物产量低而不稳,由于降水量少,年际间与季节间的变化较大,水分成为主要的限制因素。为此,旱作区获得高产、稳产的方向就是通过土壤培肥措施,增强土壤的保墒蓄水能力和抗旱水平,以提高耕地综合生产能力。对于我省旱作区土壤培肥,应主要采取以下几项措施。

1.秸秆还田

秸秆还田是增加土壤有机质,增强土壤保墒蓄水能力的重要手段。研究表明,旱作区每千克土壤有机质含量增加1克,粮食产量稳产性提高10%~20%左右。对于我省旱作区重点采取玉米秸秆粉碎腐熟还田、小麦秸秆直接还田、小麦秸秆高茬还田技术、过腹还田技术和秸秆堆沤还田。技术方法详见《秸秆还田技术》一节。

机械粉碎还田

2.深翻耕

一般情况下耕地的土层厚度达30厘米以上时,才容易获得稳定高产。一般深翻应在播种或覆膜前,对于塬地深翻深度在30厘米以上,对于梯田深翻深度在20厘米以上。一般深耕应带耙耱碎坷垃,使地面平整,可减缓水分蒸发损失。

深翻耕,加厚耕作层

3.增施有机肥

旱作区由于单位面积生物产量低,所以有机肥料不足,不是短期内轻易能解决的问题。应采取集中施用有机肥,一是地块轮流集中施肥,把有限的肥料分期集中施用在少量地块上;二是根层集中施肥,把有限的肥料集中施在作物根层周围,增加局部根层土壤的施肥量。一般情况下,亩

施用农家肥 3000~5000 千克或者商品有机肥 50~100 千克,施肥一般结合秋耕施肥或者休闲耕作施肥。施用农家肥一定要充分腐熟,避免因进一步腐熟而失墒。

4.复种绿肥

　　小麦收获后复种箭筈豌豆、草木樨,夏播绿肥黑豆、芸芥等。复种箭筈豌豆的播种期在小麦收获后播种,越早越好,选择雨前或雨后播种效果更好,播种方式为撒播,播种深度一般 5~8 厘米,播种量每亩以 8~12 千克,播种时亩施用过磷酸钙 20~25 千克。在下一季作物种植前采取翻压还田。

种植绿肥

5.种植豆科作物

　　豆类共生的根瘤菌可固定空气中的游离氮素,可实现用地养地相结合。一般种植豌豆或大豆,应推广"早、深、密、磷、管"的五项栽培技术。即提倡早春"顶凌"抢墒播种,一般在 3 月中旬播种;播种前需适当深耕细耙、疏松土壤,基肥施

用农家肥 2000~3000 千克,豌豆还需要施用过磷酸钙 10~15 千克,氯化钾 2~3 千克。豌豆播种方式采用撒播,亩播种量在 15~20 千克,种植密度在 5~6 万株,播种深度在 5~7 厘米。在幼苗期如果地瘦苗黄,应施速效氮肥作追肥,每亩施用尿素 5~6 千克;在 4 月下旬开始防治病虫害,40%乐果乳剂 100 毫升兑水 100 千克喷洒,每隔 1 周喷一次,视虫情喷 2~3 次,若有蚜虫或菜青虫为害,用敌百虫或敌敌畏等及时防治。大豆播种方式为撒播,亩播种量为 5~7.5 千克,种植密度在 2 万株;在初花期或鼓粒期依据大豆生长情况,进行根外追肥,主要追施磷钾肥,也可进行叶面喷施,亩用尿素 0.75~1 千克、钼酸铵 10~30 克、磷酸二氢钾 100~300 克,兑水 30~50 千克喷雾;在开花盛期,应注意防止大豆蚜虫、造桥虫、灰斑病虫害,生育后期主要防治大豆食心虫、豆荚螟、灰斑病等。

种植豆科作物

密植作物全膜微垄节水技术

密植作物全膜微垄节水技术是针对小麦、啤酒大麦、胡麻、油菜等生育特点，将田间平整地面起垄成等行距垄形结构，实行全膜覆盖，充分接纳雨水，实行垄沟灌溉，提高水资源利用率的节水新技术。适应于全省旱作农业区和灌溉农业区。这里仅介绍小麦全膜微垄节水技术。

1.播前准备

（1）地块选择

选择地力基础较好的旱地或有灌溉条件的地块。要求地势平坦、土层深厚、土质疏松肥沃、土壤理化性状良好、保水保肥能力强，不宜选择陡坡地、石砾地等瘠薄地，前茬以豆类、马铃薯、冬小麦等茬口为佳。

（2）深耕蓄墒

起垄前耙耱平整土地，除去大土块和杂草，做到耕作、耙耱、施肥、起垄、覆膜播种的连续作业，减少土壤水分散失，避免影响播种质量。

（3）施肥

麦类作物全膜微垄沟灌栽培，一般亩施农家肥 3000~4000 千克，亩施尿素 20~30 千克，过磷酸钙 60~70 千克，也可根据墒情、土壤肥力状况调整施肥量。施肥时应将肥料与种子分层施入，提高肥效。

（4）选用良种

选择耐旱、抗病、抗倒伏、耐盐碱的优质高产

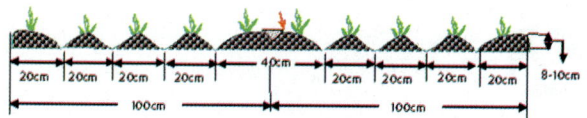

全膜微垄技术示意图

品种。

（5）土壤处理

地下害虫危害严重的地块，在整地起垄时每亩用 40%辛硫磷乳油 0.5 千克加细沙土 30 千克，制成毒土撒施。

（6）膜下除草

杂草危害严重的地块，整地起垄时用 50%的乙草胺乳油全地面喷雾，然后覆盖地膜。

2.起垄

（1）起垄规格

在田间起垄宽 20 厘米、垄高 8~10 厘米的等行距垄，形成 3 垄 4 沟的垄形结构。

机械起垄

小麦全膜微垄技术与露地长势比较

（2）起垄方式

沿地形由高到低起垄种植。选择起垄、施药、覆膜、打渗水孔多垄沟一体化机械，采用人力、畜力或拖拉机牵引进行覆膜作业，每次起3个宽度20厘米的等垄，形成3垄4沟，垄高8~10厘米。2个作业幅相接，形成40厘米的操作宽垄，便于田间作业。

（3）覆膜

用宽120厘米，厚度0.008mm以上的地膜全地面覆盖。亩用量5~6千克。两幅地膜相接处用土压实，每隔1.5m左右横压"土腰带"。及时在垄沟内压土1~2厘米，每幅地膜净覆盖宽度为100厘米。

（4）播种

1）播种方式。在微垄上或沟内用手推轮式穴播机播种，每垄或垄沟播种一行，每穴8~10粒种子。播种深度3~5厘米。

2）播种时间。提倡适期早播，地表解冻6~8厘米就可播种。

3）播种量。根据产量目标、品种特性、当地出苗率来确定。

（5）田间管理

1）苗期管理。足墒播种。出苗期若出现土壤板结应及时破除，麦类作物播种后要经常检查土壤墒情和出苗，若墒情太差，要补出苗水，以保证全苗和壮苗。

2）水分管理。麦类作物要适时灌好头水，特别是土壤墒情较差的地块，头水时间要相应提前，灌溉次数适当增加，灌溉要小水沟灌，杜绝大水淹没垄面。

3）灌溉方法及次数。出苗后及时整理灌溉水沟，修整不规范的垄沟、垄面，以保证灌水顺畅，生育期灌溉3~5次。

（6）施肥管理

麦类作物应视生长情况适当追肥，追肥应在第一、二次灌溉前施入，然后再沿垄沟灌溉。

（7）病虫害防治

播种前对种子进行药剂拌种，作物生长期加强病虫、草害防治和田间管理。

（8）后期管理

麦类作物生长后期气温高，干热风比较频繁，易造成植株青干，应采取喷施磷酸二氢钾等，增强作物的抵抗力，以达到成熟正常，确保籽粒饱满。

（9）适时收获

蜡熟末期是收获适期，如遇不良气候收获期要提前。

（10）回收残膜

小麦收获后应及时清除残膜。

秸秆还田技术

1.玉米秸秆粉碎翻压还田

玉米收获后，将秸秆粉碎，长度应小于 10 厘米，均匀撒入田中（机械化程度较高的地区，可采用机械粉碎秸秆，或机械联合收获，同时粉碎秸秆），秸秆还田量控制在 300~500 千克。随后，按每亩 2 千克秸秆腐熟剂、5 千克尿素兑潮湿的细绵土均匀撒施在粉碎的秸秆上，采取机械旋耕、翻耕作业，深翻深度在 20 厘米以上，并及时耙实，以利保墒。

在我省中东部地区，为加速玉米秸秆腐熟，机械深翻入土后应立即进行起垄覆膜，充分利用好全膜双垄沟播技术的保水增温优点。在我省的河西等灌溉农业区，秸秆还田后，若墒情较差，耕翻后应立即灌水，以利于秸秆吸水分解。

撒施 2 千克秸秆腐熟剂和 5 千克尿素

2.小麦秸秆直接还田技术

除小块地用人工或割晒机收割留 15~20

机械深翻耕，深度在 20 厘米以上

机械粉碎秸秆长度应小于 10 厘米

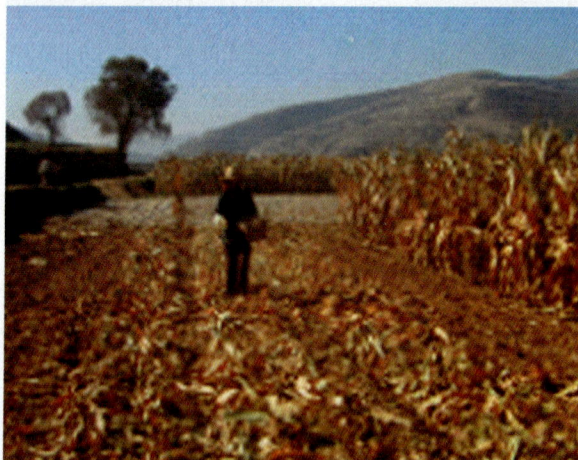

厘米高茬外，大块地用小麦联合收割机收割，将秸秆粉碎小于 5 厘米，并均匀撒开，深翻入土，深度在 20 厘米以上，中东部地区在秋种时翻耕入土，河西在灌完最后一次水后深翻入土。在后茬作物测土配方施肥的基础上，每亩增施 10~15 千克碳铵或 5 千克尿素，以满足后茬作

小麦秸秆直接还田

物和微生物需要,加速秸秆腐烂。

3.小麦秸秆高茬还田技术

小麦收割时一般留茬在 30~50 厘米,中东部地区最好边割边翻,深度在 30 厘米以上,以免养分、水分散失,也便于腐烂;河西在灌完最后一次水后深翻入土。深翻时一般每 100 千克风干的秸秆掺入 2 千克左右尿素。

4.过腹还田技术

秸秆是重要的饲料来源,可以用秸秆饲喂牛羊等食草家畜,家畜排出的粪便经过发酵等处理,变成有机肥回田。

5.堆沤还田

(1)堆肥地点用选择距水源较近、运输方便的沟边路旁、田间地头、场院的空闲地。作物收获后,将秸秆拉运到堆肥地点,将秸秆粉碎成 10 厘米左右小段,平铺于地面围城一个圆形或方形,每层厚 20 厘米,逐层堆放。

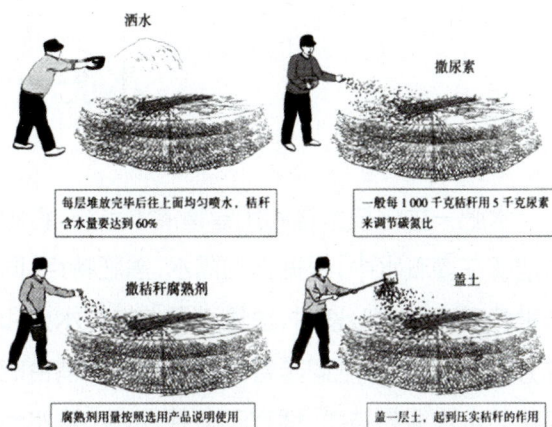

(2)每层秸秆堆放完毕均匀喷水调节湿度(湿度以 60%~70%左右为宜,即用手捏混合物,以手湿并见有水挤出为适度),然后按每 1000 千克秸秆用 5 千克尿素来调节碳氮比,腐熟剂用量按选用产品说明使用。每层秸秆上要覆一层土,约 10 厘米厚,起到压实秸秆的作用。

(3)继续堆置秸秆,直至秸秆堆高 2 米左右。

(4)秸秆堆好后,用塑料薄膜密封,一般秋冬季 40~60 天即可成肥。堆腐过程中要注意观察,堆温控制在 50℃~60℃,最高温度不能超过 70℃。腐熟好秸秆肥有黑色汁液和氨臭味,不要腐熟过度或不完全腐熟就施用,以免影响肥效。

(5)施用腐熟秸秆。一般采用基施的方式,将腐熟的秸秆均匀撒施到地表,翻耕入土,亩用量 500 千克左右,播种时按测土配方施肥技术配合施用化肥。

水肥一体化技术

水肥一体化技术是利用管道灌溉系统,将肥料溶解在灌溉水中,根据作物需水、需肥特点,同步进行灌溉、施肥,适时、适量满足作物对水分和养分需求,实现水肥同步管理和高效水肥耦合的现代节水农业新技术。适宜于有井、水库、蓄水池等固定水源,水质符合微灌要求,田间已建微灌设备的设施农业、果园和棉花等大田经济作物以及经济效益较好的其他作物推广应用。

1.微灌水肥一体化系统

（1）水肥一体化系统

水肥一体化系统以滴灌、微喷与施肥的结合居多。微灌施肥系统由水源、首部枢纽、输配水管道、灌水器四部分组成。水源有河流、水库、机井、池塘等;首部枢纽包括电机、水泵、过滤器、施肥器、控制和量测设备、保护装置;输配水管道包括主、干、支、毛管道及管道控制阀门;灌水器包括滴头或喷头、滴灌带。

（2）水肥一体化系统的选择

马铃薯膜下滴灌水肥一体化技术

温室膜下滴灌水肥一体化技术

根据水源、地形、种植面积、作物种类,选择不同的微灌水肥一体化系统。保护地、露地瓜菜、大田经济作物栽培一般选择滴灌施肥系统,施肥装置一般选择文丘里施肥器、压差式施肥罐或注肥泵。果园一般选择微喷施肥系统,施肥装置一般选择注肥泵,有条件的地方可以选择自动灌溉施肥系统。在我省大多采用与地膜覆盖相结合的膜下滴灌技术。

2.制定微灌及施肥方案

（1）灌溉制度的确定

根据种植作物的需水量和作物生育期的降水量确定灌水定额。露地微灌施肥的灌溉定额应比大水漫灌减少50%,保护地滴灌施肥的灌水定额应比大棚畦灌减少30%~40%。灌溉定额确定后,依据作物的需水规律、降水情况及土壤墒情确定灌水时期、次数和每次的灌水量。一般每次控制灌水量20~30立方米。

（2）施肥制度的确定

首先根据种植作物的需肥规律、地块的肥力

棉花膜下滴灌水肥一体化技术

水平及目标产量确定总施肥量、氮磷钾比例及底、追肥的比例。作底肥的肥料在整地前施入，追肥则按照不同作物生长期的需肥特性，确定其次数和数量。以河西设施加工型番茄为例，目标产量为3000~4000 千克/亩，亩经验需纯氮 41 千克、五氧化二磷 7.7 千克，氧化钾 17.6 千克。折合硫酸钾 35.2 千克，磷酸二铵 16.8 千克，尿素 82.5 千克（未计算土壤养分含量）。再根据番茄生育期特点，拟定各生育期具体的滴灌施肥方案。

（3）施用肥料的选择

微灌施肥系统施用底肥与传统施肥相同，可包括多种有机肥和多种化肥。但微灌追肥的肥料品种必须是可溶性肥料，符合国家标准或行业标准的尿素、硫酸铵、硫酸钾、氯化钾等肥料，要求纯度较高，杂质较少，溶于水后不会产生沉淀，最

水肥一体化技术应用水溶性肥

好选用水溶性肥料。补充磷素一般采用磷酸二氢钾等可溶性肥料作追肥，也可用磷二铵肥料经澄清后，取其上清液作为液体肥源。补充微量元素肥料追肥，一般不能与磷素追肥同时使用，以免形成不溶性磷酸盐沉淀，堵塞滴头或喷头，一般可将微量元素肥料作为叶面喷施。

3.配套技术

配套应用作物良种、病虫害防治和田间管理技术，最好采用地膜覆盖技术，充分发挥节水节肥优势，提高作物产量、改善作物品质，增加效益。

4.水肥一体技术应用中应注意的问题

（1）注意滴灌肥料与灌溉水的关系

应考虑肥料的溶解性和相溶性和灌溉水的情况；若灌溉水的硬度较大，选用肥料时一定要选用酸性肥料；定期在灌溉系统注入酸溶液以溶解沉淀防止滴头堵塞；控制好灌溉水的电导率防止作物受盐渍化危害。

（2）滴灌施肥作业

先灌溉 20~30 分钟清水，等管道充满水后开始施肥。原则上施肥时间越长越好。施肥结束后立刻滴清水 20~30 分钟，将管道中残留的肥液全部排出（可用电导率仪监测）。以免堵塞滴头。

（3）调整合理利用水溶肥料浓度比例

控制好水溶肥料浓度比例，通常控制肥料溶液的 EC 值 1~3 毫西门子/厘米；注意水溶性肥料的稀释浓度为 1~3 克/升，也相当于稀350 倍~1000 倍浓度。特别是微喷灌施肥，要注意好液体肥料比例，以免出现烧叶、伤根现象。

农业物联网

1.什么叫农业物联网

农业物联网是用大量的传感器节点构成监控网络，通过各种传感器采集信息，以帮助农民及时发现问题，并确定发生问题的位置，这样农业将逐渐从以人力为中心、依赖孤立机械的生产模式转向以信息和软件为中心的生产模式，从而大量使用各种自动化、智能化、远程控制的生产设备。

2.为什么用物联网

在传统农业生产中，施肥、浇水、病虫害管理靠什么来掌握？四个字：感觉、经验。但是，现在当你走进现代蔬菜连栋温室，你会看到：温室里挂

温室环境因子采集仪

着"方盒盒"、灌溉、施肥的阀门换成了"电阀门"、温室顶上安了"电子眼"，地面上铺着地膜，地膜下隐隐露出滴灌管……井然有序的农业生产，却看不到工作人员的身影。蔬菜温室里的技术人员说："有了物联网技术，有机蔬菜生产都靠信息化智能监控系统，当然不用那么多人了。"

为提高种植效率，现代农业示范园区引进了农业物联网技术，在其所建设的蔬菜大棚中全部安装农业物联网监测设备，通过农业"物联网"技术实时监测大棚蔬菜温度、湿度、光照、二氧化碳浓度等生长条件，根据产生的智能监测信息对蔬菜进行精确管理，通过无线传感器对温室环境进行自动调节，温度高了自动开启风机、打开卷帘

农业物联网系统及应用

等设备进行降温，通过土壤湿度传感器对灌溉自动控制，达到该浇水的时候浇水，该施肥的时候施肥，完全实现自动化，促进有机高效农业发展。

在蔬菜大棚里装上一个小小的无线传感器，大棚里的蔬菜就会说话、有感觉、有思想了，大棚里的温度高了它会警告你，土壤里的湿度低了它会通知你，更准确地告诉你它的需求。

使用物联网以后，我们马上就能和大棚里的蔬菜"对话"了。走进大棚内，蔬菜它需要什么温度？什么时候要浇水？什么时候要施肥？浇多少水？施多少肥？你并不完全知道，或是只知道个大概。但是装上一个小小的传感器，它就会说话、有感觉、有思想了，大棚里的温度高了它会警告你，土壤里的湿度低了它会通知你，更准确地告诉你它的需求，使大棚内植物所需要的生长环境永远保持在最佳状态。温棚里靠近中间位置架起的辫子是"天线"，上面挂着几个小圆盒子，就是传感器，分别采集环境温度、湿度、土壤温度、水分、光照以及二氧化碳浓度，每隔几分钟采集一次数据，通过智能传感器与嵌入 3G 模块的无线物联网网关，发送到上位机系统。

农技人员现在只要坐在办公室里，笔记本或者电脑的页面停留在几片蔬菜叶子上，用鼠标一点点拉近，可以很清晰地看到叶片上趴着几只小蚜虫。这样农技师通过物联网的远程监控系统发现了"敌情"，可以立即给棚里的农业工人提个醒，早点做好防护措施。

传感器每隔几分钟将采集数据通过无线网络传送到监控室，实时反映温室内蔬菜生长环境的变化，技术员足不出户就能及时、准确掌握设施内的环境情况。

物联网智能控制系统不间断监测室外温度、湿度、风速、风向等气象指标，实时采集温室内环境和生物信息参数。

农业物联网主要有感知、传输和控制三大作用。农业物联网不仅能感知水、肥、热、气、光等外部环境变量，还能感知生物本体，比如，对作物叶片中的各种营养元素的感知。"如果感知到水稻叶片中叶绿素含量降低，说明缺氮了，就要添加氮肥。如果等到肉眼看到叶片发黄再追肥，就晚了。"

"农业物联网"特点是，测得出、传得快、算得灵、用得好。农业物联网水肥一体化项目的实施，显著地提高了灌溉灌和施肥技术的综合应用成效，在增加作物产量的前提下，节水 30%，节肥 20%~40%，节省农药 15%~20%。减少投入 10%~20%。有效促进了滴灌水肥一体化技术在我省快速推广应用。

盐碱地综合改良技术

本技术适应于我省轻度以上盐碱土壤区域，土壤酸碱度 pH 值在 7.5~9.5 之间。

1.施用有机肥

应用测土配方施肥成果，在合理施用化肥情况下，一般每亩施用农家肥 2000~3000 千克或者商品有机肥 100~200 千克。

2.施用土壤调理剂

主要为磷石膏或者盐碱土壤调理剂产品，配合土壤培肥技术，实现改良土壤，提高作物产量

施用农家肥

施用商品有机肥

和品质。

（1）选择适宜的土壤调理剂

磷石膏应选择重金属含量低、质量安全的产品，土壤调理剂产品须经农业部登记，重金属、有害物质含量必须达到国家有关标准要求。

（2）确定施用量和施用方法

每亩推荐磷石膏用量 300~400 千克，其他土壤调理剂按说明书使用，一般只选一种调理剂。颗粒状土壤盐碱调理剂在农田翻耕前均匀撒在耕地表面，播种或栽插前，将土壤调理剂翻入土层并与耕地土壤充分混合。液体状土壤盐碱调理剂可在冬灌的时候随水均匀冲入地块，或者翻耕前喷洒在耕地表面。

3.秸秆还田

利用机械，实施玉米秸秆粉碎翻压还田、小麦秸秆直接还田、小麦秸秆高茬还田，秸秆还田量在 300~500 千克（风干重）为宜，有条件的地方还田时可配合施用秸秆腐熟剂（用量参见产品

冲施土壤调理剂

说明）。具体方法详见《秸秆还田技术》。

4.绿肥种植

根据当地实际情况，选择适宜的绿肥品种，采用混播、间播、套播等种植方式，种植绿肥并适时翻压还田。

5.种植耐盐碱作物

在盐碱较重且不适合种植常规作物的区域，可选择种植耐盐碱较强且经济效益较高的作物，如葵花、棉花、枸杞、甜菜等。

6.合理灌溉

我省大部分盐碱地是由于不合理灌溉所造成的次生盐渍化，因此，应杜绝大水漫灌，实行按作物、按区域合理灌溉，采取膜下滴灌、垄膜沟灌等节水灌溉技术，以逐步减轻和防止土壤盐渍化。

棉花

枸杞

秸秆粉碎腐熟还田

种植绿肥

葵花

科学施肥技术

科学施肥技术就是根据地上种的作物,确定施用肥料种类、时期、方法及数量的技术。目的是要用最少的投资,获得最大的效益。

1.施用肥料的确定

植物为了生长发育,需要从土壤中吸收各种养分,包括大量元素和中微量元素。但是决定植物产量的却是土壤中那个相对含量最小的有效养分。无视最小养分而补充其他养分不能提高作物的产量。最小养分即土壤的供给能力最低的那种养分,这就是我们要补给的养分。

2.施肥时间的选择

作物对养分的吸收有两个关键时期,即植物营养临界期和植物营养最大效率期。植物营养临界期指在植物生育过程中,有一个时期对某种养分要求的数量不多,但很敏感,需要迫切。磷的临界期一般在幼苗期:棉花出苗后 10~20 天,玉米出苗后一周;氮的临界期稍向后移:小麦是在分蘖期,棉花是在现蕾初期,玉米是在幼穗分化期。植物营养最大效率期指某一时期植物需要养分的数量最多,吸收速率最快,肥料的作用最大,增产效率最高,这时就是植物营养最大效率期。玉米氮素最大效率期在喇叭口到抽穗初期,小麦在拔节到抽穗。

3.施肥量的确定

施肥量的估算最常用的方法是营养平衡估算法,它是根据作物计划产量与土壤供肥量差计算施肥量。"平衡"就在于土壤供应养分不足的部分通过施肥来补充,其公式为:施肥量 =(农作物需肥量 − 土壤供肥量)/(肥料中有效养分含量×肥料利用率)。

不同作物对养分的总需求量不同,如小麦形成 100 千克籽粒需吸收氮 3 千克,五氧化二磷 1.25 千克,氧化钾 2.5 千克。玉米形成 100 千克籽粒需吸收氮 2.57 千克,五氧化二磷 0.86 千克,氧化钾 2.14 千克。

4.氮、磷、钾肥的合理施用

(1)尿素

在耕作前与少量有机肥混、撒施,然后耕翻入土,施深应在 10 厘米左右。追尿素比追其他氮肥(碳铵、氨水)提前 4~5 天,可沟施、穴施,施在 5~10 厘米深处,不可随施随灌,至少要等 2~3 天后才可灌水。

(2)铵态氮肥

碳铵在潮湿、高温($>30℃$)时大量分解,变为氨气挥发,造成氮的损失。施用方法:①结合耕地将碳铵先撒于地面,立即翻下。②追肥穴施、条施。作物追肥时,可在作物根旁 7~10 厘米处开沟、挖穴,深度 7~10 厘米,施后立即覆土。

(3)磷肥

土壤中的磷一般不能满足作物需要,必须通过施肥来补充,施用方法:①早施:农作物在苗期吸收磷最快,要占生长期吸收总磷的一半,故苗期不能缺磷。②细施:过磷酸钙在贮存时易吸潮结块,在施用时,要打碎过筛,以利根系吸收。③集中施:磷容易被土壤中的铁、铝、钙等固定而失效。故应穴施、条施,使磷固定在种子和根系的周

围,即可减少与周围土壤的固定,又有利于根系吸收。④磷肥与有机肥混合施:特别是钙镁磷肥与有机肥混合,可使磷肥中那些难溶性的磷转化为农作物能利用的有效磷。⑤分层施:磷肥在土壤中移动性小,施在哪里基本就在哪里不动。因此,在底层和浅中都要施用磷肥,把磷肥施在浅层,有利于幼苗的吸收,从而促进返青早、分蘖快。浅层施1/3,深层施2/3。⑥与氮肥混合施:农作物吸收各种养分有一定比例,若比例失调就长不好。单施氮肥,根系发育不好,易倒伏,又易遭受病虫危害,而且加速土壤中氮素的过度消失,引起氮磷比例失调。而氮磷配合施用,既可平衡养分,又能促进根系下扎,为丰产打下基础。

（4）钾肥

氯化钾对棉花等纤维作物提高纤维含量和质量有良好的作用。氯离子对某些作物如马铃薯、甘薯、桃树、葡萄等作物有不良影响。施用在块根、块茎作用上能降低其淀粉含量。对于这些忌氯作物,最好不要施用。

5.复合肥料

在一种化肥中,同时含有氮、磷、钾三要素或只含其中任何两种元素的肥料称为复合肥料。一般有两种类型:化成复合肥和混成复合肥(BB肥)。

根据需要把两种或两种以上的肥料经过掺混而制成的复合肥料,简称复混肥,混合时应注意不能将以下肥料混在一起:

（1）铵态氮肥与碱性肥料,如硫酸铵、硝酸铵、氯化铵、碳铵不能与草木灰、钙镁磷肥混合。

（2）过磷酸钙与碱性肥料,如过磷酸钙不能与草木灰、钙镁磷肥混合。

（3）过磷酸钙不能与碳铵混合。

（4）尿素与氯化钾随混随施。

（5）通常各种化肥与有机肥料混合效果更好。

6.微生物肥料

微生物肥料是由一种或数种有益微生物、培养基质和添加物(载体)培制而成的生物性肥料。通称菌肥或菌剂,是一种间接性的无公害肥料。微生物肥料的种类主要包括根瘤菌剂、固氮菌剂、磷细菌剂、钾细菌剂(硅酸盐菌剂)、抗生菌肥料、复合菌剂等。

生物肥料的合理施用:

微生物肥料肥效的发挥,既受其自身因素如肥料中所含有效菌数、活性大小等质量因素的影响,又受到外界其他因子如土壤水分、有机质、酸碱度等生态因子的制约,所以微生物肥料的选择和应用都应注意合理性。

微生物肥料施用要注意以下几点:

（1）微生物肥料必须与当地耕作、水分管理等有关农业技术措施密切配合。

（2）微生物肥料不宜久置,最好随制随用,随用随买,施用前应存放阴凉干燥处,避免受热、受潮及阳光直接照射。

（3）微生物肥料一般不能同时与化学肥料施用。

（4）微生物肥料的施用方法一般有拌种、浸种、蘸根、基施、追施、沟施和穴施,以拌种最为简便、经济、有效。拌种方法是先将固体菌肥加清水调至糊状,或液体菌剂加清水稀释,然后与种子充分拌匀,稍晾干后播种,并立即覆土。种子需消毒时应选择对菌肥无害的消毒剂,同时做到种子先消毒后拌菌剂。

真假肥料简易识别技术

春季是化肥销售、使用的旺季。但近年来假劣化肥在市场上时有出现，使不少农民上当受骗，不仅使农民造成经济损失，而且贻误农时，影响农业生产。为防止农民朋友上当受骗，在品种繁多的肥料市场上，农业部门提醒农户在购买化肥时要多留神、细辨别，可以用简单的五个字"看、溶、烧、听、闻"来判断：

"看"：看肥料包装袋上的标识。

对于氮肥来说，常见的有尿素，正规的尿素化肥包装袋上应标明尿素，执行的肥料标准 GB2440-2001 标准，规格等级标示为合格品（N 46.0%），一等品（N 46.2%），优等品（N 46.4%）；养分含量：总氮 N 合格品≥46.0%；净含量一般为 40 千克；商标、生产商地址、电话和批号等。如果产品名称"尿素"前或后添加小字号的腐殖酸、有机、含硫、含锌、优肽、精等，或者执行的肥料标准为企业标准（Q）或者养分含量 N 达不到合格品的 46.0%，就是假尿素，就不要购买。氮肥市场上像碳酸氢铵、氯化铵、硫酸铵很少有假货出现。

对于磷肥来说，常见的有过磷酸钙，正规的过磷酸钙包装袋上应包括肥料名称（颗粒状过磷酸钙或粉状过磷酸钙）、执行标准（GB 20413-2006），生产许可证号，规格等级（合格品、一等品、优等品）；养分含量：有效磷（P_2O_5）合格品≥12.0%；一等品≥16.0%；优等品≥18.0%。净含量一般为 50 千克以及商标、生产商地址、电话和批号等，如果产品名称改为"硫酸钙肥、多肽磷、硫磷酸钙、腐殖酸磷钙、有机活性磷"等，这类产品颜色上虽与过磷酸钙相似，但其不是真正的过磷酸钙，长期用在我省碱性土壤上，只会使土壤更加板结，而且质量肯定有问题，就不要购买。

对于钾肥来说，常见的有农业用氯化钾、硫酸钾、硝酸钾、硫酸钾镁肥、磷酸二氢钾等，包装袋上执行标准应该分别执行各自的国家或行业标准，如果氯化钾、硫酸钾等不执行国家标准而执行企业标准且氧化钾含量低于国家强制性标准要求，就是假货，不要购买。另外，硫酸钾镁肥

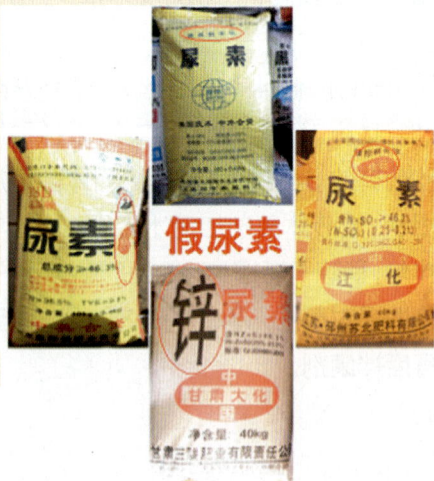

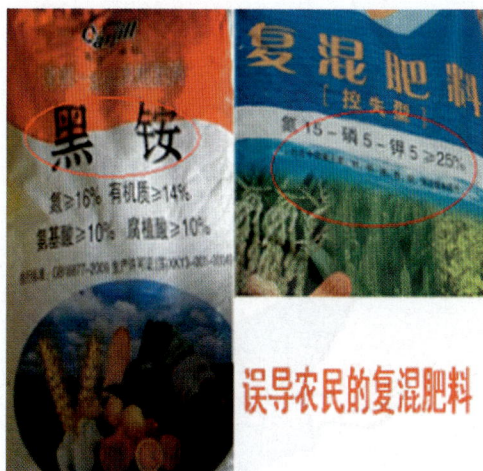

误导农民的复混肥料

假磷酸二铵

铵。市场上发现的假磷酸二铵:总养分≥64%,氮 18,磷 20,有机质 20,氨基酸 6,很有迷惑性。

对于复混肥料(复合肥料)、掺混肥料、有机—无机复混肥料来说,首先产品名称要规范,如果改叫其他名称的,如:把"有机—无机复混肥料"叫"黑铵",质量肯定有问题,不要购买。其次这一类肥料国家实行生产许可证和肥料登记证管理,外包装袋上应印有生产许可证号和肥料登记证号,只有生产许可证号而没有肥料登记证号的就不允许市场销售,就不要购买。另外,养分含量上有些复混肥料还标称含有中、微量元素,但不标具体的养分含量。这些都在迷惑老百姓,目前市场上的多元素肥包装标识的微量元素大部分根本没有加入或者其加入量极少,起不到真正的作用,只是在误导消费,起促进销售的目的,购买时应慎重。

对于有机肥料、生物有机肥、各类水溶肥料(包括滴灌肥和冲施肥)、土壤调理剂、缓释肥料来说,目前国家均实行肥料登记证管理,包装袋上显要位置无农业部门颁发的肥料登记证号的,都属于非法产品,不要购买。

当然,有些肥料的质量从包装上根本无法判定,只能打开后利用不同的化肥产品所特有的物理和化学性质来判断,也就是通过"溶、烧、听、闻"四个过程进行鉴别。

"溶":将肥料取少许放入水中溶解,尿素、磷酸二铵全溶并无杂质,过磷酸钙、重过磷酸钙部分溶解,高浓度复合肥虽有杂质但很少,不溶或杂质很多就值得再鉴定了。

"烧":将化肥样品加热或燃烧,从火焰颜色、

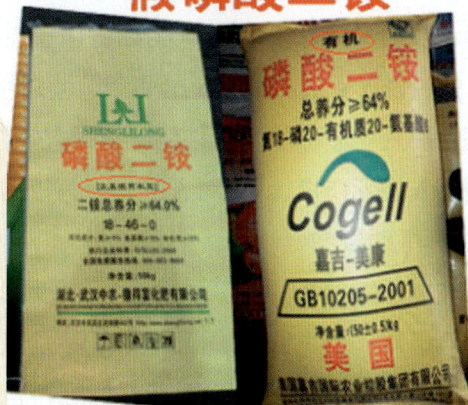

包装上还应印有农业部的肥料登记证号,即:农肥准字或临字 XXXX 号,如果没有肥料登记证号,就不是合法的肥料产品,不要购买,以免上当。目前钾肥市场上发现的主要欺骗农民的钾肥商品名称叫美国钾宝、颗粒钾肥二铵伴侣等等,打着国外的旗号,引农民上当,购买时要擦亮眼睛。

对于磷酸二铵来说,包装袋上正规名称应该叫汉字的"磷酸二铵",执行标准 GB10205-2001,如果产品名称"磷酸二铵"前或后加"有机"或"氨基酸有机型"的,不执行国家强制性标准而执行企业标准的,都是假磷酸二

熔融情况、烟味、残留物情况等识别肥料。如：碳酸氢铵能直接分解，产生大量白烟，有强烈的氨味，无残留物；氯化铵直接分解或升华，产生大量白烟，有强烈的氨味和酸味，无残留物；尿素能迅速熔化，冒白烟，投入炭火中能燃烧，或取一玻璃片接触白烟时，能见玻璃片上附有一层白色结晶物；过磷酸钙、钙镁磷肥、磷矿粉等在红木炭上无变化；而硫酸钾、硫酸钾镁等在红木炭上可发出噼啪声。复混肥料燃烧与其构成原料密切相关，当其原料中有氨态氮或酰胺态氮时，会放出强烈氨味，并有大量残渣。

"听"：抓一把化肥从高处松手，让化肥自由下落。落地声音尖细的为假化肥；落地时，声音沉重的为真化肥。

"闻"：抓一把化肥闻一闻，有明显刺激氨味

溶 解

火 炉

的颗粒是碳酸氢铵，有酸味的细粉是重过磷酸钙。如过磷酸钙有很刺鼻的怪酸味，则说明生产过程中加入了废硫酸，这种化肥有很大毒性，极易损伤或烧死作物。而且对人的皮肤有较强的腐蚀性，抓取时要做好防护。

需提醒的是，化肥的简易识别只能使我们对化肥质量作一粗浅的了解，无法确切鉴别其真伪和优劣，如果消费者对自己购买的肥料有所怀疑，应请质检机构专业人员进行鉴定。同时，在购买化肥时一定要注意以下几点：

一是购买化肥时，应当选择正规的

化肥经营单位。尽量到有固定门面、有技术依托、有信誉的农业技术部门、连锁店或专营机构如各级农资公司或供销社等正规化肥经营单位购买，千万不要贪图便宜从不法游商手中随意购买，以免使用后出现问题难以追究。

二是在购买化肥时，不要盲目轻信化肥销售商或广告的宣传。不要被化肥包装上的假象及销售者的花言巧语所蒙骗。很多广告宣传或销售商大肆推荐某种功能性化肥，致使农民轻信选购。有些新闻媒体广告宣传言过其实，还有一些销售商在利益驱动下向农民朋友推荐高价位品种，农民朋友在购买时要提高警惕，一定要认准正规大厂生产的知名品牌，因为大厂生产的化肥质量有保障，售后服务到位。

三是购买化肥后，要向经营者索要盖有经营单位公章的信誉卡或销售凭证及发票，信誉卡或销售凭证要清楚准确地标明购买时间、产地名称、数量、等级、规格、型号、价格等主要事项，一旦发生纠纷，信誉卡或销售凭证就是依法处理纠纷的主要证据。如果购买的化肥有质量问题，要及时向各级农业、工商或质监部门投诉。可拨打12316三农服务热线或12315消费者投诉热线进行举报，切不要私自找经销单位去索赔，以免您的合法权益得不到维护。

膜下滴灌技术

膜下滴灌是滴灌技术和覆膜种植技术的有机结合，利用低压管道系统将输水管内的有压水流通过滴头，点状、缓慢、均匀、定时、定量地浸润作物根系最集中发达的区域，使作物主要根系活动区的土壤始终保持在较优含水状态的灌溉方式。滴灌可根据作物不同生育期需肥规律，将可溶性化学肥料溶于灌溉水中，结合灌溉实现定量、定额灌溉、精准施肥。膜下滴灌系统一般由水源工程、首部枢纽、输配水管网、滴头及控制、量测和保护装置等，在作物种植行铺地膜，将滴灌带(管)置于地膜下面(详见下图)。

滴灌系统首部枢纽

排气阀
施肥罐进水口
压力表
施肥罐出水口
离心过滤器
网式过滤器
离心阀门
碱阀
井口
温水口

🌱 1.水源工程

用于滴灌的水源主要是机井、泉水、水库、渠道、江河、湖泊、池塘等，但水质必须符合灌溉水质的要求。滴灌系统的水源工程一般是指从水源取水进行滴灌而修建的拦水、引水、蓄水、提水和沉淀工程，以及相应的输配电工程。

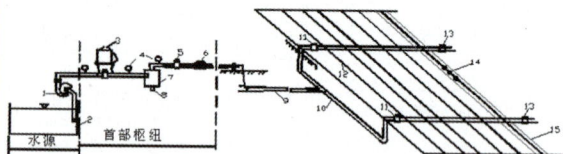

1.水泵 2.蓄水池 3.施肥罐 4.压力表 5.控制阀
6.水表 7.过滤器 8.排砂阀 9.干管 10.分干管
11.球阀 12.毛管 13.放空阀 14.滴头 15.地膜

膜下滴灌布置示意图

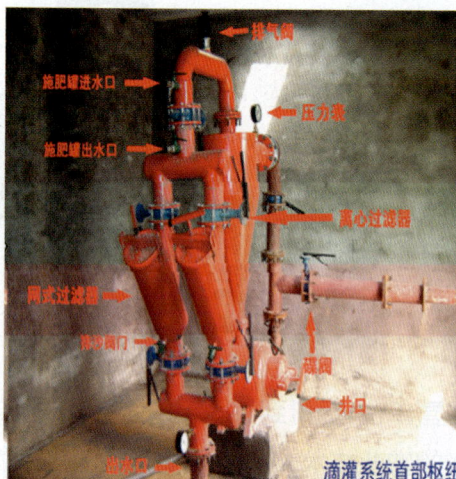

🌱 2.首部枢纽

滴灌设施的首部由水泵，过滤器、施肥器、控

制和测控保护设备、变频电控柜等组成。井灌区以井为单位设计泵站；河水灌区每 1000~2000 亩设计一个泵站和沉淀池；池塘和窖可根据灌溉面积等选用合适的水泵和过虑施肥装置。过滤器采用砂石过滤器(或离心过滤器)与网式过滤器二级过滤。施肥装置多用施肥罐和引吸式施肥箱，也有注入式施肥泵。施肥罐和注入式施肥泵由过滤系统后输入，自吸式由水泵吸水节输入肥液。自压式施肥箱置于干管或支管首部，利用自然落差向箱内输水，肥液直接注入于管或支管。测控保护装置包括水表、压力表、止回阀，排气阀等。

3.输配水管道

滴灌的输配水管道由干管、支管等组成。地埋管的干管和分干管均采用 UPVC 管，管径根据流量分级配置，工作压力多在 10 米以上水压。地面支(辅)管一般采用 PE 管，管径为支管直径 63 毫米、辅管 32 毫米。地下管用 PUC 管件连接，地面管用 PE 管件连接，首部及大口径阀门可采用铁件。干管或分干管的首端进水口设闸阀，支管和辅管进水口处设球阀，分干管末端设排水井。支(辅)管或毛管进口设置稳流调压装置，保证系统灌水均匀一致。干管埋设深度在冻土层以下，北方地区一般在 1~1.5 米左右。

4.毛管与滴水器

根据作物类型、种植结构、土壤质地和经济条件，一年用毛管多选用 16 毫米边缝迷宫式滴灌带以及内镶贴片式滴灌带；多年用的滴灌管有收缩式滴头、涡流式滴头、压力补偿式滴头、长流道式滴头等。滴灌带在作物播种铺膜时一同铺在地膜下面，布置有各种形式，比如棉花膜下滴灌布管方式有一膜一管四行、二管四行和一膜三管六行等。

如何科学使用农药

为减少日常生活中因农药使用不当，甚至是滥用、乱用农药造成作物药害、人畜伤亡等事故的发生，特介绍如下科学使用农药知识：

1.选用对路的农药

农药种类很多，根据防治对象大致分为杀虫剂、杀菌剂、除草剂和杀鼠剂，用户必须根据防治对象来选用对路的农药产品，才能达到防治目的。

2.适时用药

不同发育阶段的病、虫、草对农药的抗药力不同。如害虫的卵和蛹抗药力比幼虫和成虫强；同一种幼虫，一般3龄前幼虫抗药力弱，3龄以后抗药力显著增强，害虫体重大的比小的抗药力强；越冬幼虫比其他时期的幼虫抗药力强。病原菌休眠孢子抗药力强，孢子萌发时抗药力减弱。杂草在萌芽和初生阶段，对药剂较敏感，以后随生长抗药力逐渐增强。所以，在使用农药时必须根据病、虫、草情，及时用药防治。

3.严格掌握用药量

农药标签或说明书上推荐的用药量一般都是经过严格试验确定下来的，不能随意加大使用剂量，更不能几种农药随意混配使用，不能重复喷药。有人认为用药量越大，防治效果越好，其实不然，任何一种农药在超出其有效浓度范围，防治效果并不会按正比例提高，相反也会导致药效下降，增加成本，产生药害，造成蔬菜中农药残留量增加，加速害虫抗药性水平的发展，杀伤天敌，污染环境。

4.喷药要均匀周到

现在使用的大多数内吸杀虫剂和杀菌剂，以向植株上部传导为主，称"向顶性传导作用"，很少向下传导，因此喷药时必须均匀周到。注意：不重喷不漏喷，刮大风时不要喷，以保证取得良好的防治效果。

5.坚持轮换用药，延缓有害生物抗药性的产生

农药在使用过程中不可避免地要产生抗药性，特别是在一个地区长期单独使用一种农药产品时，将加速抗药性的产生，为此，在使用农药时必须强调要合理轮换使用不同种类的农药以减缓抗药性的产生，提高农药使用寿命。

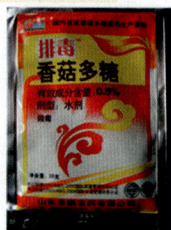
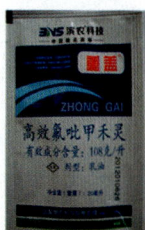

杀虫剂　　　　　杀菌剂　　　　　除草剂

6.做到科学配药

（1）不要用瓶盖量用农药或者凭经验取药，建议用量筒或天平精确称药。

（2）对于高活性的农药，采用二次稀释法，先用 500 毫升水稀释农药，再按喷雾器容量添加已稀释的农药和水。

（3）配药地点远离村庄、牲畜栏、水源等地不应用盛药的桶直接下沟河取水，防止污染。

（4）配药时要穿工作服、载口罩和手套，不能直接用手或胳臂伸入药液、粉剂或颗粒剂中搅拌。

（5）处理粉剂和或可湿性粉剂时要防止粉尘飞扬。

7.注意安全使用农药

（1）施药时：①施药人员不准进食、饮水和抽烟，要穿戴相应的防护用品。②要注意天气情况，一般雨天、下雨前、大风天气、气温高时(30℃以上)不要喷药。③施药人员要始终处于上风向位置施药。④施用高毒农药，必须 2 人以上轮换操作，连续施药不超过 5 小时。⑤施药人员如有头痛、头昏、恶心、呕吐等中毒症状时，应立即离开现场急救治疗。⑥不要用嘴吹堵塞的喷头，应用牙签、细铁丝或水来疏通喷头。⑦身体不健康、孕妇、儿童不要接触和施用农药。

（2）农药拌种应在远离住宅区、水源、食品库、畜舍并且通风良好的场所进行，不得用手直接接触农药。

（3）严格按农业部颁发的农药登记证和批准标签上推荐的作物(范围)、剂量和方法使用，不得在未经批准登记的作物(或范围)上使用。注意：①高毒高残留农药不准用于蔬菜、茶叶、果树、中草药材等作物；甲拌磷乳油只准用于拌种。②禁止使用国家明令禁止生产使用的农药产品，限制使用的农药严格按照限制的地区、作物及使用方法使用。③严格按照安全间隔期和用药次数施药。严格按照安全间隔期采收农产品。

（4）用药后至少 24 小时以后才能进入喷药的田间进行其他作业。

农区鼠害防治技术

1.发生危害

农区鼠害是甘肃农业生产上重要的有害生物之一,而且害鼠还可传播鼠疫、流行性出血热、钩端螺旋体病等重大疫病,对人民身体健康构成严重威胁。我省农区危害最严重的是地下害鼠中华鼢鼠,其次是地上鼠达乌尔黄鼠、大仓鼠、花鼠、褐家鼠、小家鼠、五趾跳鼠等。

2.防治技术

农区灭鼠要坚持农田与农舍、春秋突击灭鼠与常年灭鼠、农田与荒草地相结合,因害鼠种类不同,科学应用农业、物理、生物、化学等综合防

瓦片毒饵站

弧形弓

双脚弓

单角弓

银恒快速捕鼠器

银恒快速捕鼠器

治措施。

（1）养猫灭鼠

在山区和住宅相对分散地 1 户 1 猫、在住宅相对集中地 2~5 户 1 猫能有效控制鼠害。

（2）物理灭鼠

农舍灭鼠中应大力推广鼠夹、鼠笼、粘鼠板灭鼠;大田防治中华鼢鼠主要用弓箭射杀技术,可选用银恒快速捕鼠器、弧形弓、单脚弓、双脚

中华鼢鼠

达乌尔黄鼠

大仓鼠

花鼠

弓、丁字弓等。将弓箭安放在通向老窝方向的洞口处,堵洞后用小木棍插一个开口,引诱鼢鼠堵开口时射杀。

（3）化学灭鼠

防地上鼠重点推广毒饵站灭鼠技术,毒饵站制作可就地取材,制作方法是:将两片筒瓦用铁丝捆绑合于一起制成瓦片毒饵站;还可用薄纸箱拆开卷成直径为6厘米的圆筒,外面包一层塑料为纸箱毒饵站;用口径为6厘米的PVC制成PVC毒饵站;用矿泉水瓶把两端去掉,两个套在一起制成毒饵站。农户住宅区毒饵站的长度为30厘米,农田区毒饵站的长度为45厘米,并用铁丝做两个固定脚作支架。住宅区每户投放1~3个毒饵站,农田每亩投放1~2个毒饵站,每个毒饵站投放饵料20~50克,3天后检查补足饵料。防治中华鼢鼠用鼠洞投饵法。饵料可选择0.005%的溴敌隆毒饵、0.01%~0.05%的敌鼠钠盐毒饵、0.05%的杀鼠醚毒饵等。

（4）农业灭鼠

精耕细作,深耕土壤,破坏鼠洞;及时收获打碾归仓;建设防鼠粮仓,改变储粮方式等,减少鼠害食物来源。

注意事项:抓住3月中旬至5上旬、9月上旬至10月下旬的有利时机,组织群众开展春秋季大面积统一灭鼠。毒饵一般由县级植保(农技)站按有关要求标准规范化统一配制,毒饵的经营销售由具有相关管理部门审核认定的经营单位和具有鼠药经销上岗证的人员经营销售,销售中严格执行登记制度,每天登记购买人员姓名、身份证号、购买鼠药种类及数量,并对购药人员讲清楚鼠药存放、投饵、投放后的安全管理及中毒后的紧急救治,中毒急救药剂为维生素K1。

购买农药应注意的事项

使用农药防治农作物病虫草害是保障作物高产稳产最有效的措施之一。目前，农药生产企业多，品种繁杂，在购买时应注意以下几点：

1.根据防治对象，选用对路农药

当田间发生病虫害时，首先要根据其特征和危害症状进行识别和诊断，确定其种类。其次，根据该病虫害发生的特点和规律，选择对路农药。

2. 从有资质的农药经营门店选购农药

从 2012 年起我省全面实行了农药经营许可制度，对有经营资质的经营门店发放了《甘肃省农药经营许可证》，消费者一定要到具有《甘肃省农药经营许可证》的经营门店购买农药，坚决不从流动商贩处购买农药。

3.坚决不要购买国家明令禁止和在本地区限制使用的农药品种

目前国家已经对 33 种（类）农药明确禁止使用，对 17 种农药进行了限制使用。并对百草枯、氯磺隆、苯磺隆、胺苯磺隆、福美胂和福美甲胂等 6 种农药明确了禁用的时间，对毒死蜱和三唑磷等 2 种农药明确了限制使用的时间。涕灭威（神农丹）仅限于山东、河南、河北三省在花生和棉花上使用，不能在我省销售和使用。

4.看农药标签

（1）看农药名称

农业部规定从 2008 年 7 月 1 日起生产的农药，一律使用农药通用名称或简化通用名称，不再使用商品名称。购买前要看标签上标注的农药名称和农药名称正下方标注的有效成分名称、含量及剂型。不购买未标注有效成分名称及含量的农药。

（2）看"三证"号

"三证"指农药登记证号、产品标准号、生产批准证号。

国产农药这三证必须齐备，而原装进口农药直接销售的没有生产许可证号。购买农药时向经销商索取农药登记证复印件与准备购买的农药核对，凡是核对不一致的，不要购买。

（3）看适用范围

一是要根据需要防治的农作物病、虫、草等，选择与标签上标注的适用作物和防治对象一致的农药。二是核实所标注农药的施用方法是否适合自己使用。三是当有几种产品可供选用时，要优先选择用量少、毒性低、残留小、安全性好的产品。在蔬菜、水果、茶叶和中草药材上用药禁止选择高毒、剧毒农药。

（4）生产日期及有效期

生产日期按照年、月、日的序标注，年份用四位数表示，月、日分别用两位数表示。不能购买未

合格标签　　　　　　　未标明有效成分的不合格标签　　　　　标注商品名的不合格标签

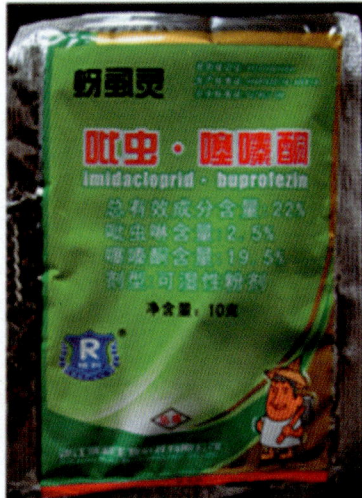

标注生产日期的农药。有效期表示有三种方法，分别是以产品质量保证期限、有效日期或失效日期表示。不能购买没有生产日期或已过期的农药。

（5）看生产企业信息

标签上只允许标注生产企业的信息，坚决不允许标注其他企业的信息。进口产品需标明国内的办事机构信息。除分装产品外，如果标签上标有两个或两个以上企业信息的产品均为不合格产品。如由×××××公司总代理，总经销等。

5.看产品外观

①粉剂、可湿性粉剂如有结块或有较多的颗粒感，说明已受潮，不仅产品的细度达不到要求，其有效成分含量也可能会发生变化。②乳油如出现分层和混浊现象，或者加水稀释后的乳状液不均匀或有沉淀物，都说明产品质量可能有问题。③悬浮剂长期存放，可能存在少量分层现象，如果经摇晃后，产品不能恢复原状或仍有结块，说明产品存在质量问题。④熏蒸用的片剂如呈粉末状，表明已失效。⑤颗粒剂产品应粗细均匀，不应含有许多粉末。

6.看农药价格

农药价格与有效成分及其含量、产品质量和包装规格等有关。要选择长期使用效果好、诚信度高的企业所生产的农药，避免片面追求和购买价格便宜的农药，不要购买价格与同类产品存在很大差异的农药，价格明显低于同类产品和以往价格的，假冒的可能性很大。

7.索要购药凭证(发票)

在购买农药时一定要索要购药发票，为以后产品质量有问题索赔做好准备。

二十四节气

二十四节气是我们华夏祖先历经千百年的实践创造出来的宝贵科学遗产，是反映天气气候和物候变化、掌握农事季节的工具。

1.传统节气歌

春雨惊春清谷天，夏满芒夏暑相连。秋处露秋寒霜降，冬雪雪冬大小寒。

上半年来六廿一，下半年是八廿三。每月两节不变更，最多相差一两天。

2.二十四节气时序期

立春　2月3—4日　东风解冻、蛰虫始振、鱼上冰

雨水　2月18—20日　獭祭鱼、鸿雁来、草木萌动

惊蛰　3月5—7日　桃始华、鸧鹒鸣、鹰化为鸠

春分　3月20—21日　玄鸟至、雷乃发声、始电

清明　4月4—6日　桐始华、鼠化为鴽、虹始见

谷雨　4月19—21日　萍始生、鸣鸠拂其羽、戴胜降于桑

立夏　5月5—7日　蝼蝈鸣、蚯蚓出、王瓜生

小满　5月20—22日　苦菜秀、靡草死、小暑至

芒种　6月5—7日　螳螂生、鵙始鸣、反舌无声

夏至　6月21—22日　鹿角解、蜩始鸣、半夏生

小暑　7月6—8日　温风至、蟋蟀居辟、鹰乃学习

大暑　7月22—24日　腐草化为萤、土润溽暑、大雨时行

立秋　8月7—9日　凉风至、白露降、寒蝉鸣

处暑　8月22—24日　鹰乃祭鸟、天地始肃、禾乃登

白露　9月7—9日　鸿雁来、玄鸟归、群鸟养羞

秋分　9月22—24日　雷始收声、蛰虫坯户、水始涸

寒露　10月8—9日　鸿雁来宾、雀攻大水为蛤、菊有黄花

霜降　10月23—24日　豺乃祭兽、草木黄落、蛰虫咸俯

立冬　11月7—8日　水始冰、地始冻、雉入大水为蜃

小雪　11月22—23日　虹藏不见、天气上腾、闭塞而成冬

大雪　12月6—8日　鹖鸟不鸣、虎始交、荔挺生

冬至　12月21—23日（苗历新年）　蚯蚓

结、麋角解、水泉动

小寒　1月5—7日　雁北向、鹊始巢、雉始雏

大寒　1月20—21日　鸡始乳、鸷鸟厉疾、水泽腹坚

3.二十四节气农事歌

立春：立春春打六九头，春播备耕早动手，一年之计在于春，农业生产创高优。

雨水：雨水春雨贵如油，顶凌耙耱防墒流，多积肥料多打粮，精选良种夺丰收。

惊蛰：惊蛰天暖地气开，冬眠蛰虫苏醒来，冬麦镇压来保墒，耕地耙耱种春麦。

春分：春分风多雨水少，土地解冻起春潮，稻田平整早翻晒，冬麦返青把水浇。

清明：清明春始草青青，种瓜点豆好时辰，植树造林种甜菜，水稻育秧选好种。

谷雨：谷雨雪断霜未断，杂粮播种莫迟延，家燕归来淌头水，苗圃枝接耕果园。

立夏：立夏麦苗节节高，平田整地栽稻苗，中耕除草把墒保，温棚防风要管好。

小满：小满温和春意浓，防治蚜虫麦秆蝇，稻田追肥促分蘖，抓绒剪毛防冷风。

芒种：芒种雨少气温高，玉米间苗和定苗，糜谷荞麦抢墒种，稻田中耕勤除草。

夏至：夏至夏始冰雹猛，拔杂去劣选好种，消雹增雨干热风，玉米追肥防黏虫。

小暑：小暑进入三伏天，龙口夺食抢时间，玉米中耕又培土，防雨防火莫等闲。

大暑：大暑大热暴雨增，复种秋菜紧防洪，勤测预报稻瘟病，深水护秧防低温。

立秋：立秋秋始雨淋淋，及早防治玉米螟，深翻深耕土变金，苗圃芽接摘树心。

处暑：处暑伏尽秋色美，玉米甜菜要灌水，粮菜后期勤管理，冬麦整地备种肥。

白露：白露夜寒白天热，播种冬麦好时节，灌稻晒田收葵花，早熟苹果忙采摘。

秋分：秋分秋雨天渐凉，稻黄果香秋收忙，碾谷脱粒交公粮，山区防霜听气象。

寒露：寒露草枯雁南飞，洋芋甜菜忙收回，管好萝卜和白菜，秸秆还田秋施肥。

霜降：霜降结冰又结霜，抓紧秋翻蓄好墒，防冻日消灌冬水，脱粒晒谷修粮仓。

立冬：立冬地冻白天消，羊只牲畜圈修牢，培田整地修渠道，农田建设掀高潮。

小雪：小雪地封初雪飘，幼树葡萄快埋好，利用冬闲积肥料，庄稼没肥瞎胡闹。

大雪：大雪腊雪兆丰年，多种经营创高产，及时耙耱保好墒，多积肥料找肥源。

冬至：冬至严寒数九天，羊只牲畜要防寒，积极参加夜技校，增产丰收靠科研。

小寒：小寒进入三九天，丰收致富庆元旦，冬季参加培训班，不断总结新经验。

大寒：大寒虽冷农户欢，富民政策夸不完，联产承包继续干，欢欢喜喜过个年。

高效农田节水标语

高效节水农业宣传标语

1、推广膜下滴灌技术，发展现代节水农业
2、推广垄膜沟灌技术，抑蒸减渗节水增收
3、发展高效节水农业，促进农业持续增收
4、探索农田节水新路子，创新农业增效新途径
5、实行农田节水，改善生态环境
6、推广农田节水技术，确保粮食稳产高产
7、节水是实现农业可持续发展的首要条件
8、有收无收在于水，多收少收在于肥
9、加大行政推动力度，再创农田节水辉煌
10、坚持科学发展观，创新农田节水新技术
11、改变传统观念，创新农田节水新技术
12、推广高效农田节水技术，促进农业增效、农民增收
13、保护生态环境，共建绿色家园
14、开源节流，节水增效
15、统一思想，坚定信心，推动高效节水农业又好又快发展
16、大力发展农田节水技术，促进甘肃农业持续发展
17、推广农田节水，促进持续发展。
18、创新农田节水新技术，促进灌区农业再上新台阶
19、狠抓农田节水技术培训，普及农田节水技术措施。
20、农机农艺相结合，农田节水显奇效。
21、灌区根本的出路在于节水！
22、节水主体是农民，节水关键是技术
23、建设节水型社会，发展节水型农业
24、构建高效农田节水体系，实现水资源高效利用

25、农田节水，你我同行
26、农田节水，势在必行
27、节水要从点点滴滴做起！
28、点滴成河，百川归海
29、节约保护水资源，实现人水相和谐
30、建设资源节约、环境友好型农业
31、发展节水农业，增加农民收入
32、水——生命的摇篮；水——地球的血液
33、水——农业的命脉；水——工业的血液
34、以浪费用水为耻，以节约用水为荣
35、节约每一滴水，珍惜每一粒粮
36、今天不节水，明天无泪流
37、请珍惜每一滴水
38、农田节水，从我做起
39、推进节水型农业，实现跨越式发展
40、试验研究求创新，示范推广求效益
41、大力发展高效节水农业，切实狠抓农田节水技术
42、推广高效农田节水技术，促进农业发展方式转变
43、根本出路在节水，挖潜重点在农业
44、改进灌水方式，改变传统观念
45、贯彻落实科学发展观，探索创新农田节水路
46、调整优化与节水相适应的种植结构，推动发展与环境相协调的高效农业
47、推广膜下滴灌技术，实现水肥一体化
48、节约用水，功在当代